新型平面反射阵及传输阵天线

田 超 杜若楠 冯存前 著

国防工业出版社

·北京·

内 容 简 介

本书是空军工程大学新材料天线与射频技术课题组多年新型高增益阵列天线研究工作的凝练和总结。全书共6章，以新型反射阵和传输阵天线研究为主线，分析两种新型高增益天线的频带展宽、口径效率提高及高增益多功能应用，提炼反射阵和传输阵单元宽频带工作条件，研究中小口径传输阵天线口径效率影响因素，探索新型高增益多功能反射阵及传输阵天线在系统中的应用。

全书理论体系完备、分析翔实，适合天线理论与设计领域的本科生、研究生及科研人员阅读。

图书在版编目（CIP）数据

新型平面反射阵及传输阵天线／田超，杜若楠，冯存前著．—北京：国防工业出版社，2023.12
ISBN 978 - 7 - 118 - 13098 - 0

Ⅰ.①新… Ⅱ.①田… ②杜… ③冯… Ⅲ.①阵列天线 Ⅳ.①TN82

中国国家版本馆 CIP 数据核字（2023）第 246515 号

※

*国防工业出版社*出版发行

（北京市海淀区紫竹院南路 23 号 邮政编码 100048）
北京虎彩文化传播有限公司印刷
新华书店经售

*

开本 710×1000 1/16 印张 8¼ 字数 144 千字
2023 年 12 月第 1 版第 1 次印刷 印数 1—1200 册 定价 96.00 元

（本书如有印装错误，我社负责调换）

国防书店：(010)88540777 书店传真：(010)88540776
发行业务：(010)88540717 发行传真：(010)88540762

前　言

天线是无线传输系统的接收和发射装置,直接影响着传输系统的整体性能。在雷达及长距离通信系统中,需要具有高增益辐射特性的天线,传统的高增益应用依赖于抛物面反射器或配备可控移相器的平面微带阵列天线。然而,抛物面反射器由于特殊的曲面结构,在许多情况下,特别是微波频段下难以制作和实现,同时也难以实现广角波束扫描。当采用平面微带阵列时,高增益天线可以通过控制移相器实现天线的广角波束扫描,但平面微带阵列复杂的馈电网络及波束形成器的设计,会导致系统设计制作成本居高不下,造成应用受限。平面反射阵和传输阵天线是近年来发展迅猛的一类新型高增益天线,它可以有效地将抛物面反射器和平面微带阵列的优点结合起来,具有平面化、轻质量、无馈电网络、易与载体共形、可低成本地实现波束集束控制及加工制作便利等优点,可广泛应用于长距离无线通信、电子对抗和雷达探测等领域,是国内外学者的研究热点。

国内对平面反射阵及传输阵天线的研究起步稍晚,但发展非常迅速。许多著名大学和研究机构在早期都成立了新型高增益天线课题组,分别从不同角度致力于反射阵及传输阵天线的研究,几乎涉及了所有研究领域,形成了“百花齐放、百家争鸣”的良好研究氛围。目前,随着电磁超材料技术在电磁调控、损耗等方面的优势不断凸显,国内外研究学者将研究重心转移到超材料技术对天线性能提升的研究上来,全新的单元结构调控设计方法将深刻地影响新一代的高增益天线设计。作者所在的空军工程大学新材料天线与射频技术课题组是最早研究电磁超材料技术的单位之一,在高效超材料设计领域形成了独特的研究思路和方法,并将其应用于小型化新功能微波器件、高性能天线及功能器件的设计和研发,本书精选了课题组近年来在该领域的研究成果。

除署名作者外,课题组王亚伟副教授、蔡通副教授、许河秀教授、李丹阳讲师、王童讲师、高向军讲师和朱莉讲师也参与了本书的部分研究工作,同时对书稿进行了认真校对,在此一并对他们表示感谢。

本书的研究工作得到了陕西省自然科学基金(项目编号:2021JQ - 361)项目的资助,在此表示诚挚的感谢。

由于作者所做的工作只涉及反射阵和传输阵天线研究工作的很小一部分,加之作者水平有限,书中难免存在欠妥之处,恳请广大读者批评指正,以便今后修改提高。

目　录

第1章 绪 论

1.1 基本概念

无线技术的兴起始于19世纪末,天线作为无线通信系统中接收和辐射电磁波的载体终端,是影响无线通信系统性能优劣的重要组成部分。自1887年赫兹教授在实验室设计了第一个简易天线用以验证麦克斯韦关于电磁波存在理论,而后100多年间,研究人员陆续设计了各种形式的天线用以满足不同电子系统所提出的要求,这些天线被广泛地应用于广播通讯、微波遥感、射电天文、航空航天、电子对抗和雷达探测等各个方面[1-5]。在长距离无线通信及深空探测等领域中,高增益天线以其高方向性集束的优点获得了人们的青睐。高增益天线的实现有两种方式:一种是应用光学射线基本理论,这类方法是改变口径面天线的几何曲率,从而将电磁辐射能量进行聚焦以形成高增益辐射,如反射面天线[6]、介质透镜天线[7];另一种是基于天线方向图叠加原理,通过改变单元的口径面幅度和相位分布以达到波束集束的目的,如平面微带阵列天线[8-10]。

对于反射面天线,其馈源置于反射面的焦点处,反射面将来自焦点处的馈源入射波反射后,在口径面处形成平面相位波前,这种设计方法较为成熟,天线的辐射效率较高,具有较宽的工作频带,但反射面的曲率特性致使反射面具有较高的剖面高度,同时加工难度较大,成本过高,安装复杂,难以赋形,此外,馈源的遮挡也会造成一定的性能损失。对于介质透镜天线,通过合理设计透镜表面形状及折射率,对所透过的电磁波进行相位调控,从而获得在口径面处的平面相位波前,这样可以减小馈源遮挡对阵列性能的影响,但介质透镜天线的相移机理会造成阵面厚度加大,当面对大型布阵要求时,阵列体积及质量过大会造成应用受限。

平面微带阵列天线是将微带天线单元以一定间隔排布,同时配有馈电网络,每个天线单元附加T/R组件用以调控天线单元的激励幅度和相位,依据天线方向图叠加原理,可实现天线的高增益辐射特性,通过精确控制天线单元激励幅度与相位还可获得诸如相位扫描和波束赋形等电性能。此类方法的优势在于可实现平面或低剖面准平面结构,该方法设计灵活,便于加工制作,同时,剖面的降低也使得阵列体积减小质量减轻,但是这种方法缺点也很明显,复杂的馈电网络会

1

显著的增加天线设计复杂度,同时也引入了较高的插入损耗,这样会降低天线的口径效率,而微带结构单元所固有的高 Q 值谐振特性也使得天线工作在窄频带范围。此外,大规模 T/R 组件的使用也使天线的制造成本居高不下。

反射阵天线(Reflectarray Antenna, RA)是一种新型的高增益天线[11],它可以有效地将反射面天线与平面微带阵列天线的优点结合起来。反射阵天线采用平面阵列替代具有曲率结构的反射面,若干个形状相似的反射阵单元以一定的周期排布在平面或低剖面准平面反射阵面上,通过对每个反射阵单元进行特殊的设计,以使得入射电磁波经阵面反射后在出射口径面上形成平面相位波前。反射阵天线的结构示意图如图1.1所示。馈源一点发出的电磁波照射到反射阵面上,由于空间路径的不同,照射到中心一点的入射波相位与边缘一点的入射波相位不同,此时,通过合理设计不同位置处相移单元的反射相移,用以补偿由于空间路径的差别造成的相位延迟,经

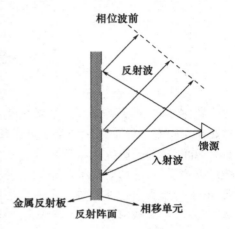

图1.1 反射阵天线结构示意图

过反射阵面的相移补偿后,反射波在口径面上可以形成所需的平面相位波前。对比于反射面天线与平面阵列天线,反射阵天线有以下几点优势。首先,相比于反射面天线,反射阵天线是平面结构或者准平面结构,反射阵天线的剖面较低,质量和体积较小,易于折叠与展开,便携性能较好,还可以和载体共形,这将极大地拓展反射阵天线应用范围。其次,相比于平面阵列天线,反射阵天线采用空间馈电方式,避免了设计较为复杂的馈电网络,也可有效地提升反射阵天线辐射效率,省去了大量的 T/R 组件排布,加之微带印刷工艺的迅猛发展,使得我们可以用较低的设计制作成本实现诸如相控阵天线的高增益辐射特性。最后,反射阵天线可以用代价较小的方式实现波束扫描及多波束功能,并且每个反射阵单元都具有独立的相位调控能力,可以实现较为精确的波束赋形功能。

传统的介质透镜天线通过改变介质基板的厚度或折射率来实现相位的补偿,这样会使介质透镜的体积增大,同时介质厚度的改变会使得阵面成为一个曲面。传输阵天线(Transmitarray Antenna, TA)是从曲面形状的介质透镜天线演变而来的[12],通过调节每个传输阵单元的相位以达到对空间路径的补偿。传输阵天线的结构示意图如图1.2所示,它由馈源及传输阵面两部分组成。传输阵天线与反射阵天线之间最大的区别是:前者将电磁波透过传输阵表面,并通过调控传输阵面上每个相移单元的相位,用以补偿由于空间路径的差别造成的相

位延迟;后者反射阵面的背侧则为一个金属反射板,入射电磁波经反射阵面相位校准后经背侧金属反射板实现全反射。传输阵天线的工作原理是要在设计传输阵的相移单元时,考虑传输阵单元的透波性能是否良好,在保证单元具有较高透波率的前提下,尽可能多地实现较大相移补偿范围是传输阵天线设计的核心所在。

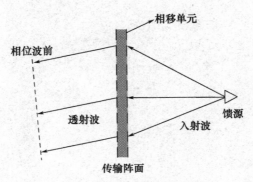

图 1.2　传输阵天线结构示意图

　　反射阵及传输阵这两种新型的高增益天线与以上介绍的几类传统高增益天线相比具有如下优点。首先,传输阵面采用平面结构设计,这有效地解决了采用传统介质透镜型天线所造成的结构复杂、体积庞大等缺点,从而使传输阵的应用成为可能。其次,相比于反射面天线,馈源采用后置方式,一方面可使馈源放置在系统载体内部,避免暴露在外,另一方面可有效地避免前置馈源遮挡导致阵面辐射效率降低。最后,相比于传统平面阵列天线,反射阵和传输阵天线可省去复杂的馈电网络设计,通过在阵面单元上加载电控开关可实现电控波束扫描性能。虽然相比传统高增益天线,反射阵和传输阵天线具有诸多的优点,但其仍具有频带窄、效率低等缺点,这也是今后研究中急需解决的问题。

1.2　国内外研究现状

1.2.1　平面反射阵天线

　　最早提出反射阵天线这一概念的是 Berry 等人,他们在 1963 年成功研制出第一款反射阵天线并进行了实验测量[13]。反射阵面采用开口波导作为反射阵单元,将每个反射阵单元的末端设置为短路,通过对波导长度的调节可以达到对反射相位控制的目的。图 1.3 所示为基于开口波导型反射阵天线的模型示意图,从图中可以看到,由于开口波导的使用导致反射阵天线的剖面增大,当反射阵天线工作在低频段时,天线的体积及重量巨大,从而难以投入到实际的应用。尽管早在 20 世纪 60 年代就已设计并制作了第一款反射阵天线,但在随后的数十年里,反射阵天线并没有引起人们足够的重视。随着微带技术的迅猛发展,轻量化、小尺寸的微带贴片单元的应用使得反射阵天线的研究进入了蓬勃发展期。

图 1.3　基于开口波导型反射阵天线模型示意图

Malagisi 和 Montgometry 等学者在 20 世纪 70 年代末利用微带贴片单元实现了轻量化的微带反射阵天线[14-15]。与此同时,越来越多的学者相继投入到了反射阵天线的研究中,具有轻便、易折叠,功能更加全面的反射阵天线也先后被开发出来。图 1.4 所示为典型的平面微带反射阵天线模型图,其与体积巨大,笨重的波导型反射阵天线相比,这种轻量化、制作成本低廉、可与载体共形的微带反射阵天线能够较为广泛地应用在射电天文、雷达通信、航空航天等领域。此外,无线通信技术的快速发展,也对天线电性能及物理尺寸提出了更为严苛的要求,反射阵天线的设计也从传统的窄频带、单频点、单极化、单一波束聚焦向着宽频带、多频带、多极化以及特定波束需求的方向发展。下面将从反射阵天线的宽频带、多频带实现以及特定波束形成这三方面的研究现状进行汇总分析和讨论。

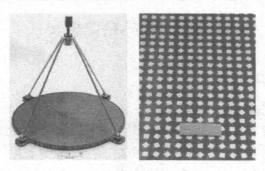

图 1.4　平面微带反射阵天线

1. 宽频带反射阵天线技术

20 世纪 90 年代,大量的关于反射阵天线的报道也见诸于文献资料,不同单元结构形式,有着不同功能的反射阵天线也相继被提出[16-23]。由于微带单元的大规模使用,使得轻量化的反射阵天线应用成为了可能。但反射阵天线能否真正意义上应用到工程领域,亟待解决的一个难题就是带宽问题。微带单元固有的窄带特性使得反射阵天线的带宽一般低于 10%,这远远低于具有相同口径面的反射面天线。此后,研究人员相继进行了多次拓展频带的尝试。2001 年,Encinar 利用成比例的多层方形环结构作为反射阵单元实现了反射阵天线一定频带的拓展[24-25],通过合理调整多层贴片间的比例关系,获得了在较宽频带范围内具有较好相移平行特性的反射阵单元,随后进行了设计加工与实验验证。实验结果表明,反射阵天线可实现 16.7% 的 1.5dB 增益带宽(增益下降 1.5dB,反射阵天线对应的相对带宽为 16.7%),反射阵单元的结构模型图如图 1.5 所示。随后,该团队利用微带线耦合的设计方法显著地提升了反射阵天线的频带宽度[26-28],这种方法是在位于反射阵单元中间层的贴片上进行开槽,并在靠近开槽层的介质基板上附加耦合线,通过改变槽线宽度以及耦合线的长度达到控制反射阵相位的目的,此种方法可以有效地拓展反射阵的频带宽度,但这种方法会使反射阵单元层数增多,结构较为复杂。

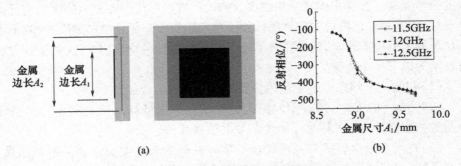

(a)   (b)

图 1.5 双层矩形环反射阵单元模型及仿真图
(a)矩形单元结构图;(b)单元仿真图。

为了进一步获得层数少,结构形式简单,宽带性能优的反射阵天线,同时也受到多层贴片单元之间会造成强烈耦合作用的启发,研究人员提出了单层微带贴片形式的反射阵单元,如采用两个谐振模式相近的环形结构反射阵单元[29-31]、贴片与环形复合结构单元[32-34]等。在微带反射阵单元设计中,每一种环形或方形结构可对应一种谐振模式,通过将多种谐振模式拉近的方式,使不同谐振模式之间的耦合效应得到增强,从而使反射阵单元形成的相移曲线趋于"平坦",而不同频率间反射阵单元的相移曲线平行性较好,可极大地拓展反射阵天线的频带宽度。另有科研人员采用"分形"反射阵单元用以展宽反射阵天线的频带宽度[35-37]，"分形"结构的反射阵单元具有较强的自相似特性，这使得"分形"反射阵单元能够从传统的单一谐振模式转变为多种谐振模式并存，而反射阵单元多种谐振模式的并存会使得反射阵单元耦合增强，反射相移曲线更加平缓，从而使反射阵天线的带宽得以提升。此外，研究人员还通过缩小单元周期的方法有效地拓展了反射阵天线的频带宽度[38-40]，亚波长单元具有较小的周期尺寸长度，当面对大口径反射阵天线设计时，阵面上往往排布数量庞大的反射阵单元，每一个反射阵单元都需要精确地设计反射相位值，亚波长单元相比于传统反射阵单元具有更小的周期尺寸，在相同的口径面上可以排布更多的反射阵单元，增大口径面上相位调控的精确程度，能够起到减小量化误差带来的影响，从而可以在一定程度上提升反射阵天线的性能。所以，这种具有亚波长周期的反射阵单元一经提出便受到的广大科研工作者的热捧。

对于口径面尺寸大于 20 个波长的反射阵天线设计，还需要考虑由于频率色散所造成的空间相位延迟补偿问题。在这方面有科研人员利用加载相位延迟线的方法精确地补偿了反射阵口径面上的相位差，从而提升了反射阵天线的频带宽度[41]。在参考文献[42]中，研究人员利用背侧非谐振的频率选择表面替代相位延迟线，起到了时间延迟线(True – Time delay, TTD)的作用，提升了反射阵天线的频带宽度。另有采用宽带相位综合的设计方法对反射阵面上的单元进行优化设计，使宽频带范围内的阵列补偿相位与实际需要补偿相位差别缩小，减小了相位补偿不到位的影响，从而提升了反射阵天线的频带宽度[43]。这种设计方法可概括为以下 3 个步骤。

(1)初始两个频点 f_1、f_2 处的附加参考相位值 $\Delta\varphi_1$、$\Delta\varphi_2$。

(2)当频率改变时，通过空间路径补偿相位原理计算出两个频点 f_1、f_2 所需补偿的相位值并与此处附加了参考相位的值做减法。

(3)将两个频点处所需补偿相位与实际补偿相位的差值求和并取最小值，设定函数收敛目标，通过反复迭代运算得出最优值，迭代运算采用粒子群算法(Partical Swarm Optimization, PSO)。具体步骤如图 1.6 所示。

2. 双频及多频反射阵天线技术

反射阵天线还可以应用在卫星通信领域。为此，众多研究人员将目光转向了设计双频乃至多频工作的反射阵天线[44-48]。双频反射阵天线的设计核心在于解决两个频段之间的互扰，并能够在两个频段内均形成高增益辐射。早期双频段工作的反射阵天线采用双层单元结构形式，每一层单元结构单独控制一个频段的相移变化，并且两个频段的频率比值较大。文献[44]提出了一种工作在 X 和 Ka 两个波段的反射阵天线，反射阵单元由双开口形的圆环单元组成，上层圆环形单元可对低频电磁波起到调控作用，而对于高频电磁信号进行全透波，与

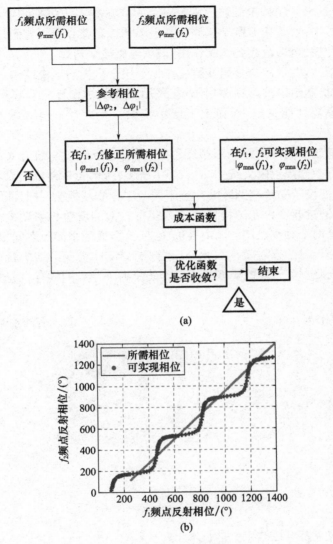

图 1.6 算法步骤流程

(a)流程框图;(b)相位图。

之相反,下层圆环形单元可对高频信号起到调控作用,而低频信号透过下层结构表面后,经金属地板发生全反射,上下两层单元相位的调控均采用旋转角度方式,双频反射阵结构如图 1.7(a)所示。这种双层高低频配置的单元结构能够很好地解决两个频率之间的互扰问题,但是上下层结构之间以及下层结构与金属地板之间空气腔的引入,使得反射阵的剖面进一步增大,应用受到了限制。作为双频反射阵天线设计方法的补充,基于频率选择表面技术(Frequency Selective Surface,FSS)的贴片结构单元被相继提出[47,49]。这种方法将高频金属结构蚀刻在上层介质板一侧,采用 FSS 结构作为其反射板蚀刻在介质板背侧,当高频电磁波照射时,对高频电磁波起到调相作用,低频电磁波全透过。低频金属结构蚀刻在下层介质板一侧,采用全金属反射板作为下层介质板的地板结构,当低频电磁波照射时,对低频电磁波起到调相作用,采用 FSS 结构设计的双频反射阵天线,两个频段的隔离性能良好,然而上下层结构设计仍使反射阵天线的剖面无法降低。

基于对低剖面高隔离性的双频反射阵天线的设计需求,研究人员提出了采用单层结构的双频反射阵天线[50-54]。图1.7(b)所示为一种单层双频反射阵结构单元,Ⅰ形偶极子贴片与圆环贴片置于同一层介质基板上,并且两个金属贴片尺寸相关联,通过改变单元结构尺寸可以获得较大的反射相移调控范围。这种方法的缺点是两个频率之间的隔离性能较差,易造成两个频段之间相互影响,从而降低反射阵天线的辐射效率。此外,还有学者设计实现了结构新颖的单层多频段反射阵天线[55-58],而此类多频段工作的反射阵天线同样存在着频段之间互扰的问题。

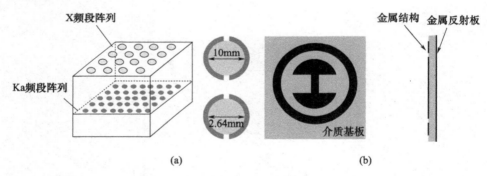

图1.7　双频反射阵天线

(a)双层结构反射阵;(b)单层双频反射阵单元。

3. 赋形波束及电控波束扫描技术

相比于传统的反射面天线,反射阵天线具有较好的设计自由度,这使得反射阵天线可以精确、便捷地控制波束形状。最早的反射阵天线波束赋形研究始于20世纪90年代,Pozar 教授设计并制作出了赋形波束反射阵天线[59]。赋形反射阵的口面相位计算基于赋形反射阵与投影口径的距离,在设计时需要首先求出赋形反射阵口面相位分布,这样繁琐的步骤会使得赋形反射阵天线的设计精度及效率严重下降。作为此种方法的改进,多种优化方法被应用到赋形反射阵天线的设计中[60-61],而交替投影法的使用,使得反射阵的口面相位获取变得更加准确、快捷,这也使得赋形波束反射阵天线能够更加广泛地应用到具体的工程设计中[62-68]。此外,利用单馈源及多馈源技术实现多波束辐射也是赋形波束技术的另一个研究热点[69-71]。清华大学的杨帆教授采用直接综合的方法同时实现了4个波束的空间辐射[72]。西安电子科技大学天线与微波技术重点实验室赵钢副教授在大口径反射阵天线的宽带设计中,提出了一种确定馈源最佳位置的方法,同时利用改进的宽带优化方法设计了一个覆盖中国国土区域的大口径双极化赋形波束反射阵天线。

现今,雷达通信系统对天线设计的要求日益严苛,面对诸如高增益、电控扫描、平面轻量化及低成本的设计需求,研究人员结合相控阵天线的优点,提出了采用加载移相器,安装机械臂等方法来设计平面反射阵天线,这些统称为反射阵天线的可重构技术[73]。归纳起来,反射阵天线的可重构技术可分为以下几类。

(1)可调谐振法(Tunable Resonator Approach,TRA)。可重构反射阵单元采用电子调谐的方法实现对相位的调控,通过改变可调集总元器件,如 PIN 二极管、微机电系统(Micro – Electro – Mechanical System,MEMS)、变容二极管等的工作状态,可以改变反射阵单元的谐振电长度[74-83],从而达到对反射相移的控制。图 1.8(a)所示为反射阵天线单元加载变容二极管模型图。选用液晶材料作为反射阵天线介质基板,通过电压控制液晶材质的介电常数以达到对反射相位的调控[84-87],另有一些采用铁电薄膜微带线改变单元谐振电长度[88-89],以实现对相移的控制。

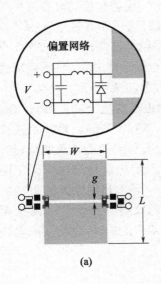

(a)

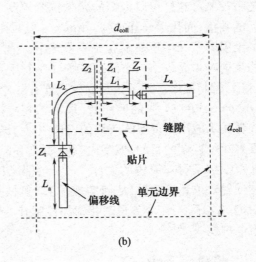

(b)

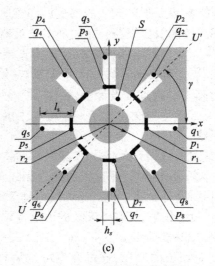

图 1.8　可重构天线的模型图

(a)可调谐振法加载变容二极管;(b)导波法加载相位延迟线;(c)旋转技术。

　　(2)导波法(Guided – Wave Approach,GWA)。入射电磁波通过表层贴片耦合到导波系统,经过可控的相位延迟线后,相位发生改变,然后再辐射到自由空间,如图 1.8(b)所示。导波法是利用可动态控制的相位延迟线来达到对反射相位的调控。参考文献[90]为一个采用导波法进行可重构反射阵天线设计的实例,通过使用一个相位延迟线控制两个贴片间的耦合,反射相位的改变可由子阵列进行控制。这样可以大幅的减少耦合控制线的数量,从而有效地减少了控制单元的数量,简化了设计结构。Kamoda 教授团队采用导波法设计了 25000 个阵元的反射阵天线用于毫米波成像系统中。为了减小设计的复杂度,所采用的可重构反射阵单元仅由一小段微带线与一个开关二极管组成[91]。

　　(3)旋转技术。科研人员在改进现有脉冲雷达跟踪系统(Pulse Radar Tracking Systems,PRTS)[92]的性能时,采用了旋转技术。随后,Huang 教授团队首次将旋转技术应用到反射阵天线的设计中[93],通过改变单元的旋转角度从而实现对反射相位控制的目的,模型原理图如图 1.8(c)所示,但这种方法仅限于圆极化波束扫描反射阵天线的设计[94-95]。此外,Phillion 等人利用侧置的驱动电机控制反射阵单元的旋转,从而实现了 15°机械扫描的反射阵天线[96]。考虑到机械扫描诸多不便,研究人员通过附加控制开关调控单元的旋转角度,从而实现了波束电扫描[97-98]。

1.2.2　传输阵天线

　　传输阵天线是近年来发展迅猛的一类高增益型天线,它同反射阵天线一样,具有平面化、轻质量、无馈电网络、易与载体共形,可低成本地实现波束控制及加工制作便宜等优点。传输阵天线与反射阵天线最大的区别是:传输阵采用馈源后置,电磁波透过阵面形成波束汇聚,这有效地避免了由于反射阵馈源前置所带来的遮挡效应。Milne 采用划区域相位纠正技术,将阵面划分为若干个需要补偿的区域,如图 1.9 所示,然后将电尺寸长度大于 1/2 波长的偶极子阵单元置于"正"相位区域,电尺寸长度小于等于 1/2 波长的偶极子阵单元置于"负"相位区域,通过采用谐振长度不等的电偶极子实现了对传输阵口面相位校正,从而实现了传统曲面型介质透镜天线的平面化[99]。随后,McGrath 采用两层金属贴片附加耦合枝节,两个枝节末端通过金属过孔相连的方式实现了平面的传输阵天线设计[100],通过上层贴片接收下层贴片辐射的方式能有效地提升能量的传输效率。但是早期的传输阵设计都面临着带宽较窄,纵向尺寸过大,功能单一的缺点[101-107],无法满足卫星通信领域中对宽频带、多极化、电扫描等多种需求。随后,研究人员提出并改进了多种设计方法用以提升传输阵天线的性能,如接收再辐射法(Receiver – Transmitter Designs, RTD),多层频率选择表面法。针对传输阵天线的功能实现方式,对传输阵天线的研究可以归为以下几类。

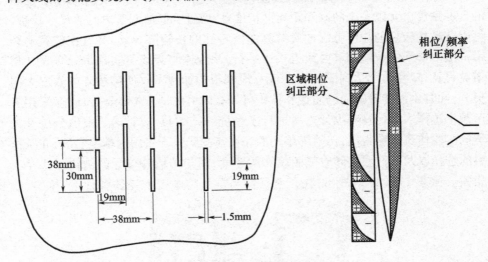

图 1.9 偶极子传输阵示意图

1. 频带展宽技术

传输阵天线的设计要考虑在传输幅度满足的条件下,单元能够达到所需补偿的相移量。影响传输阵天线宽带性能的因素很多,如馈源天线的选择、阵列口径面尺寸大小、阵单元本身的宽带特性以及相位校准方式等。传输阵单元带宽性能的提升及相位校准方式的合理选择是展宽传输阵频带宽度的有效途径。在宽带单元的设计中,要同时满足单元的传输幅度频带范围尽可能宽,并且传输相移曲线平行性较好。

多层频率选择表面(Multilayer Frequency Selective Surface,M – FSS)堆叠技术是较为常见的频带展宽设计方法[108-112]，其采用透射性能较好的频率选择表面单元以一定的间隔距离进行堆叠，通过调整单元的结构尺寸参数以达到对相位调控的目的，这种堆叠技术能够起到展宽频带的作用。参考文献[108]使用了"耶路撒冷"交叉环结构，通过将6层相同交叉环结构堆叠，可实现传输阵天线在一定范围内的频带展宽，但是较多的层数也会使传输阵天线的设计复杂度增加，质量体积增大，难以应用到工程实际中。为此，参考文献[109]提出了一种简单的具有"双谐振"特性的传输阵单元，该单元采用4层结构堆叠，如图1.10所示，每一层传输阵单元具有两个方环形结构，这两个方环形可以形成两个工作频带相近的谐振频点，通过合理地调整单元的尺寸参数，该传输阵天线可实现7.5%的1dB增益频带。作为此种方法的改进措施，参考文献[110]提出了一种螺旋偶极子传输阵单元结构，通过合理调整单元的结构尺寸，可实现3层传输阵天线9%的1dB增益带宽，但传输阵的口径效率仅为30%。为了进一步提升传输阵天线宽带性能及辐射效能，参考文献[111]采用了无介质基板加载的3层贴片单元以一定的间隔距离进行堆叠，通过合理地调整单元的尺寸参数，可以获得在较宽的频带范围内具有高透波特性的传输阵单元，并且在较宽的频带范围内单元的传输相移曲线近乎于平行，该传输阵天线可实现15.5%的1dB增益带宽，口径效率达到了55%。无介质基板的加载不仅使传输阵的效率大幅提升，同时也使传输阵面的质量和体积得到有效的降低。Abdelrahman对采用多层频率选择表面传输阵设计方法进行了系统的归纳与总结，通过数值分析及大量的实验仿真数据得出，传输阵单元的相移范围受限于采用的堆叠层数，介质材料的选择以及层与层之间空气腔填充的厚度，而与传输阵单元的结构形式并不相关。参考文献[112]提出，在介质材料与空气腔厚度不变的条件下，单层、双

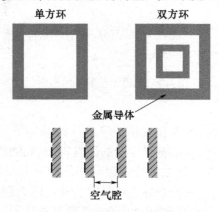

图1.10　4层堆叠结构宽带传输阵单元

层、3 层及 4 层传输阵单元所能实现的传输幅度下降 1dB 范围内,传输相移分别为 54°、170°、308°和 360°,这对于快速设计传输阵天线具有指导性意义。

此外,Abdelrahman 等人在不改变传输阵单元性能的条件下,通过采用优化传输阵口面相位分布的方法,显著提升了传输阵天线的频带宽度[113]。参考文献[114]提出了一个双开口槽的环形单元结构,此单元具有传输损耗低、对斜入射角灵敏度低的优点,并且能够实现宽带高效的辐射性能,另有一些传输阵设计实现了宽带传输性能[115-117]。

2. 可重构及波束控制技术

传输阵天线的可重构实现常采用接收再辐射法,通常分为以下 3 个步骤:首先,通过第一层微带单元接收来自馈源辐射的电磁能量;其次,将能量通过耦合或直连等方式传到第二层微带贴片单元并附加相移量;最后,利用第二层微带单元将能量辐射至空间形成所需高增益辐射。研究人员采用附加可控移相器,安装机械臂的方法可实现诸如电控或机械波束扫描,赋形波束等功能[118-127]。参考文献[119]提出了一个附加移相器单元的传输阵结构,它可以动态地控制传输阵单元的传输相位以达到对电磁波束控制的目的。加拿大学者 Jonathan 将变容二极管加载到传输阵单元的缝隙贴片之间,如图 1.11(a)所示,通过偏置电压控制缝隙耦合的强弱,从而可以产生额外的谐振,该单元能够实现传输幅度跌落 3dB 范围内相移 245°(即 -3dB 相移传输 245°),这种低损耗的可重构传输阵单元可应用于电波束扫描传输阵天线设计[120],随后,该课题组又应用 T 形导波桥结构实现了传输阵天线 ±30°范围内的波束扫描,并且相对带宽为 10%[121],可重构电扫传输阵单元结构图如图 1.11(b)所示。

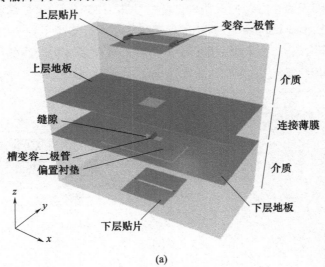

(a)

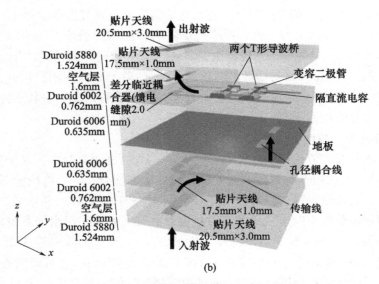

图 1.11　电路移相器加载的电扫传输阵单元
（a）变容二极管缝隙结构；（b）T 形导波桥结构。

　　当面对大规模电扫描阵列设计需求时,移相器的选择以及电控方式的使用将对传输阵的电性能产生较大的影响。参考文献[123]设计了 400 个单元的传输阵列,其采用了 800 个 PIN 二极管以完成对传输相位的动态控制,单元及阵列的结构如图 1.12 所示,每个传输阵单元上加载两个 PIN 二极管以实现对相位的调控,该传输阵天线在方位向及俯仰向能够实现 ±70° 及 ±40° 的电控波束扫描。值得一提的是,Abdelrahman 基于粒子群优化算法设计实现了一个单馈源四波束指向的传输阵天线[126]。此外,由于雷达及航天器对多极化天线的应用需求,极化控制可重构传输阵也成为新的研究热点[127-131]。

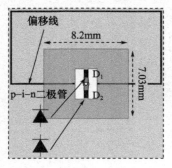

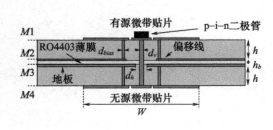

(a)

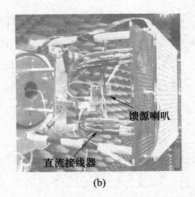

(b)

图 1.12 PIN 二极管加载的电扫传输阵单元及阵列

(a)电扫传输阵单元;(b)400 单元传输阵列测量示意图。

3. 超材料应用及低剖面的实现

近年来,随着超材料(Metamaterial)技术在天线领域的应用,高效率、低剖面及宽带性能的传输阵天线得以实现[132-135]。东南大学的崔铁军教授团队采用相位梯度介质技术实现了透镜天线[132],其主要设计思想是利用超材料构造出一种等效折射率连续变化的复合媒质,而这种折射率连续变化的复合媒质可以对电磁波进行调控,通过对复合媒质合理的设计,可以实现在透镜天线辐射口径面上形成相位波前,从而实现天线的高增益辐射。空军工程大学的王光明教授团队通过采用传输相位梯度表面(Transmissive Phase Gradient Metasurface,TPGM)实现了两个维度上波束自由可控的传输阵天线[136],传输相位梯度表面结构如图 1.13 所示,利用该传输相位梯度表面设计的传输阵天线厚度仅为 0.1 个波长。剖面较低的传输阵可节约大量空间体积并且质量较轻,参考文献[137]提出了 3 层低剖面传输阵天线,通过引入不同于上下两层的中间层单元,使得 3 层单元之间的耦合发生了改变,合理地调整单元尺寸参数,可实现低剖面的传输阵天线,该天线厚度仅为 0.033 个波长。

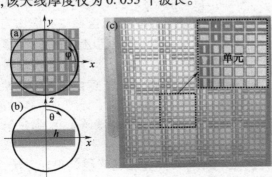
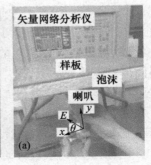

图 1.13 传输相位梯度表面

此外,采用微流体[138](Microfluidics)技术同样可以实现较好的传输辐射性能。另有研究人员采用单元旋转技术实现了频带较宽的圆极化传输阵天线[139-140]。

1.3　本书主要工作

1.3.1　主要研究工作

本书以平面反射阵及传输阵天线作为研究对象,并结合当前高性能天线设计的实际需求,对宽频带反射阵及传输阵天线展开研究,主要探讨宽频带反射阵天线、低剖面双极化特性的传输阵天线、基于周期性介质排布的传输阵天线以及双频双反射阵天线的设计及应用,主要工作可以概括如下。

(1)反射阵天线频带展宽技术的研究。为了提升反射阵天线的频带宽度,设计了一种十字交叉环形反射阵单元,并对单元的结构参数进行优化选择,使单元的反射相移曲线在较宽的频带范围内具有良好的平行特性,该反射阵天线可实现22%的1dB增益带宽。随后,提出了一种圆贴片与双圆环组合结构的反射阵单元,这种单元具有较为平坦的反射相移曲线,并在较宽的频带范围内具有良好的相移曲线平行特性,从而在一定程度上展宽了反射阵天线的频带宽度,提升了阵列的整体性能,利用该反射阵单元进行组阵设计实现了反射阵天线29%的1dB增益带宽。

(2)宽频带、低剖面双极化传输阵天线研究。传输阵天线的设计要考虑在传输幅度较高的条件下,单元能够实现所需补偿的相移量。首先设计了一种双花瓣结构的传输阵单元,通过对单元结构尺寸进行优化,实现了4层宽频带工作的传输阵天线。其次研究并设计了一种3层结构的传输阵单元,通过引入一个不同于上下两层的结构层,改变了传统3层传输阵单元结构的耦合情况,增加了一个新的谐振点,新的谐振点引入使得传输特性发生改变,在较宽的频带范围内,传输阵单元的幅度传输较好,传输相位近似平行,从而展宽了传输阵天线的频带宽度。随后提出了一种超低剖面双极化传输阵单元,这种单元结构无空气腔填充,中间层结构与上下两层结构不同从而可以引入一个新的谐振点,通过对3层单元结构参数进行合理的设计后,获得了两个极化方向上隔离性能较好的低剖面传输阵单元,而后采用线–圆极化转换实验验证了该设计的合理性。最后,对基于周期性介质排布传输阵天线创新设计方法进行了详细分析和讨论,给出了两种不同单元结构形式,不同介质基板组合形式的传输阵单元,通过组阵设计验证了该设计方法的有效性。

(3)双反射阵天线设计研究。首先,借助于卡塞格伦天线的设计方法,并结合平面反射阵天线调相机理,对双反射阵天线的设计进行了规范,这种方法能够有效简化设计步骤。其次,将反射阵与传输阵天线有效结合起来,提出了一种双频反射传输式天线,该天线副阵面为一个传输阵面与频率选择表面组合结构,对高频能量具有极佳的透波特性,并形成高增益辐射,而频率选择表面对低频电磁波具有较高的反射特性,相当于一块反射板,通过这种反射传输式天线设计,在目标辐射区域形成了双频高增益辐射特性。实验结果表明,该双频反射传输阵列天线具有较好的定向高增益辐射性能。最后,设计了一种采用方形贴片结构作为主副阵面单元的双反射阵天线,经仿真验证,该单元具有较好的定向高增益辐射性能。

1.3.2　内容安排

本书正处于反射阵及传输阵这类新型的高增益天线由理论研究向军事、电子信息、通信等领域拓展应用之时,空军工程大学新材料天线和射频技术课题组率先对平面反射阵与传输阵天线进行了深入研究,着重就天线频带宽度的提升、低剖面多极化的实现以及双频带工作的实现三方面进行了详细的分析和讨论,探索了独具特色的反射阵及传输阵天线设计新思路、新方法。全书共分为6个章节,内容安排如下。

第1章为绪论。概述了本书的选题背景及研究意义,随后就反射阵与传输阵天线的发展历程、研究现状、存在的问题以及研究进展进行了系统的归纳与总结。

第2章为反射阵及传输阵天线的基本理论。介绍了反射阵天线口径面相位计算方法并讨论了天线的研究方法。随后,详细介绍了不同相位校正方式的反射阵及传输阵结构单元及频带展宽技术。最后,分析研究了反射阵及传输阵天线各参数的影响,并给出了参数选取的准则。

第3章对宽频带微带反射阵天线进行了研究。主要提出了一种十字交叉环形反射阵单元,对反射阵单元结构参数进行优化选择,得到了反射相移曲线较为平坦的反射阵单元,而后进行组阵设计、加工并进行了实验测量。实验结果表明,该反射阵天线具有宽频带辐射特性。随后,提出了一种圆贴片与双圆环复合结构单元,这种单元通过改变单元尺寸实现反射相移的补偿,同时单元尺寸在最小值与最大值时结构完全相同,称为"重生"单元结构。通过采用亚波长周期排布,该单元的反射相移曲线在较宽的频带范围内具有良好的平行特性,利用该单元进行组阵设计并进行加工测量,实验结果验证了该天线具有宽频带辐射特性。

第4章对宽频带及低剖面双极化传输阵天线进行了研究。首先,设计了一款基于双花瓣形贴片单元的传输阵天线,而后对该天线进行实际加工制作并进行测量。实验结果表明,该4层传输阵天线具有高增益辐射特性。其次,着重就传输阵天线的宽频带技术进行了研究,提出了一种3层传输阵单元结构,该3层结构单元的中间层与上下两层不同,通过实验对比发现引入的中间层结构可以改变传统 3 层单元结构的耦合情况,并增加了一个新的谐振点,利用该单元结构进行了组阵设计并进行加工测量,测试结果显示该传输阵天线具有宽频带辐射特性。最后,提出了一种超低剖面双极化传输阵单元,并给出了传输阵单元仿真特性曲线及等效电路模型分析图,随后利用该单元结构进行组阵设计并利用线圆极化转换验证了阵列的双极化辐射特性。实验结果表明,该天线能够实现双极化辐射特性。

第 5 章基于周期性交替介质排布的新型传输阵天线研究。首先,探讨了周期性交替介质排布设计方法在低剖面平面传输阵天线中的应用,主要包括基于周期性介质排布的低剖面双层传输阵天线设计,设计实现了双方环形交替介质排布复合结构传输阵单元,并对双层双方环低剖面传输阵天线进行了试验验证。随后,开展基于周期性介质排布的高效率双层传输阵天线研究,设计实现了贴片与方环复合结构传输阵单元,并对双层复合结构传输阵天线进行了实验验证。实验结果表明,该天线能够实现低剖面高效辐射特性。

第 6 章对双反射阵天线进行了研究。首先,对双反射阵天线进行了概要介绍,并给出了双反射阵天线的设计规范。其次,结合反射阵与传输阵天线的优点,设计了一款双频带工作的反射传输式天线,并对该双频天线进行了加工及实验测量。实验结果表明,该天线能够实现目标区域内双频带高增益辐射特性。最后,应用双反射阵天线设计方法设计了一款高增益型双反射阵天线,通过仿真实验验证,该天线具有高增益辐射特性。

第2章 反射阵与传输阵天线的基本理论

2.1 引　言

无线电通信技术的快速发展,使得通信系统对天线的性能提出了更多的要求,特别是应对长距离无线通信的实际需求,高增益天线成为不可替代的选择。传统的抛物面天线及平面阵列天线由于体积质量过大,设计制作成本高昂及结构复杂加工难度大等固有缺陷无法满足设计需求。平面反射阵及传输阵天线能够有效地结合传统抛物面天线与阵列天线的优点,在实现高增益辐射的同时能够确保天线体积质量不至过大,并且采用微带贴片设计的手段可有效地降低设计制作成本,通过附加开关元件可实现低成本的波束扫描,并省去了复杂馈电网络设计,减小了插入损耗,因此成为工程设计的最佳选择。

2.2　反射阵与传输阵天线的基本工作原理和研究方法

2.2.1　反射阵与传输阵天线基本工作原理

平面反射阵和传输阵天线均采用空馈的形式,天线由馈源与平面阵列组成,通常情况下,构成平面阵列的单元数以百计,并且每个阵列单元都拥有相位调节的能力[141]。馈源天线辐射的电磁波照射到平面阵列上,经平面阵列反射或透射,在目标区域形成特定辐射状态。为了使出射波在目标区域形成平面波前,平面阵列上每个单元应具有一定的相位调控能力,调节相位用以补偿由于馈源照射到阵面上每个单元的空间路径不同所造成的相位延迟(即相位差),这样就可以在出射的口径面上形成幅度相等,相位相同的平面波前,从而天线可以形成所需的高增益辐射特性。平面反射阵及传输阵天线的结构模型如图 2.1 所示。

反射阵天线与传输阵天线最大的区别是:前者的背侧为一块反射板,电磁能量经反射阵单元调相后全反射,并形成口径处的平面相位波前;后者将电磁能量透过,相当于一个频率选择表面,并经调相后形成口径处的平面相位波前。故对反射阵而言,馈源天线前置,而对传输阵天线,馈源天线后置。

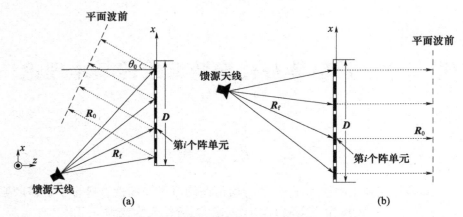

图 2.1 反射阵及传输阵天线结构示意图
(a)反射阵天线;(b)传输阵天线。

根据天线理论可知,阵列天线的辐射性能取决于口面场的幅度与相位分布,对于反射阵与传输阵而言,当馈源位置确定时,其口面场的幅度分布已经确定,只能通过改变口面场的相位大小来调控阵列性能。阵面共 $i \times j$ 个单元,并且对每个单元给予合适的相位补偿量后,各单元在馈源的照射下,在空间任意点处形成的叠加电场为[142]

$$
\begin{aligned}
E(u) = \sum_{i=1}^{n} \sum_{j=1}^{m} &F_f(\boldsymbol{R}_{ij} \cdot \boldsymbol{R}_f) F(\boldsymbol{R}_{ij} \cdot \boldsymbol{R}_0) F(\boldsymbol{R}_0 \cdot \boldsymbol{R}) \cdot \exp \\
&\{-jK_0[|\boldsymbol{R}_{ij} - \boldsymbol{R}_f| - \boldsymbol{R}_{ij} \cdot \boldsymbol{R}] + j\varphi_n\}
\end{aligned} \tag{2-1}
$$

式中:$\boldsymbol{R}_{ij}$ 为第 i 行第 j 列的辐射单元位置矢量;$\boldsymbol{R}_f$ 为馈源的位置矢量;φ_n 为阵列单元所需补偿的相移量;$\boldsymbol{R}_0$ 为反射/透射波矢量;F 和 F_f 分别表征辐射单元与馈源天线的辐射方向图函数。

可见,准确地补偿由于空间路径带来的相位误差,是形成反射阵和传输阵天线主波束聚焦性能的关键所在。图 2.2 所示为反射阵与传输阵相位补偿原理

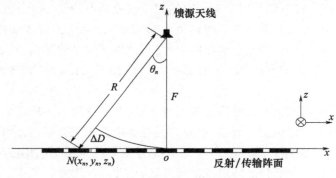

图 2.2 反射阵与传输阵天线相移补偿原理图

图,馈源天线发出的电磁波照射到阵面上,由于路径不同所造成的空间路径差为 ΔD,产生的相移量为

$$\varphi_n = \boldsymbol{k}_0 \cdot \Delta D \qquad (2-2)$$

$$\Delta D = R - F = \frac{F}{D} \cdot \left[\sqrt{\left(\frac{D_n}{F}\right)^2 + 1} - 1 \right] \cdot D \qquad (2-3)$$

式中:N 为阵面上的单元坐标,可表示为 $N(x_n, y_n, z_n)$,其相对于原点的距离为 D_n,相对于馈源天线的距离为 R;F 为传输阵面的焦距;D 为阵面的口径大小;$\boldsymbol{k}_0$ 为自由空间波矢量。

当采用三维直角坐标系表示时,假设 N 点处的入射波束指向为 (θ_n, φ_n),则该单元的电场相位 φ_r 为

$$\varphi_r(x_n, y_n, z_n) = -\boldsymbol{k}_0(\sin\theta_n\cos\phi_n x_n - \sin\theta_n\sin\phi_n y_n - \cos\theta_n) \qquad (2-4)$$

考虑到阵列单元 N 点处的电场相位是该单元入射电场相位与单元的相移补偿量之和,所以该单元的相移补偿量 φ_n 可表示为

$$\varphi_n(x_n, y_n, z_n) = \boldsymbol{k}_0 R - \boldsymbol{k}_0(\sin\theta_n\cos\varphi_n x_n - \sin\theta_n\sin\varphi_n y_n - \cos\theta_n) \qquad (2-5)$$

从式(2-5)可以看出,单元所需相移量补偿与馈源天线的位置、入射角度、阵单元位置及自由空间波矢量有关。在反射阵天线的设计中,馈源天线位置选定后,其口径场分布也就确定了,此时,阵面上每个单元所需的相移补偿量由单元在阵列中所处位置决定,通过改变单元尺寸,旋转角度或附加延迟线等方法可以对相位进行补偿。

2.2.2　反射阵与传输阵天线研究方法

在进行天线阵列排布前,首先要对单元的特性进行分析,反射阵及传输阵单元可采用无限大周期排布法[11,17]和等效 TEM 法[26-27,143-145]两种分析方法。

无限大周期排布是当前较为常见的一种分析方法。无限大周期排布可以很好地模拟单元在阵列中的情况,其假定单元与其四周单元结构相同,在考虑互耦的情况下,通过对该单元表面电流的计算,从而获得辐射场分布特性。采用矢量 Floquet 模的计算方法考虑互耦情况。Floquet 模为 Helmholtz 波动方程满足周期性边界条件时,数学上利用分离变量法获得的一组解。在图 2.3 所示的平面二

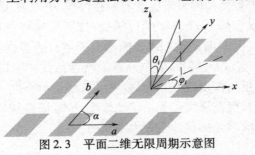

图 2.3　平面二维无限周期示意图

维周期结构中,单元以间隔 d_x 和 d_y 沿 a 和 b 两个方向上周期排布,馈源入射波沿 (θ_i, φ_i) 方向入射,则矢量 Floquet 模可表示如下[146]:

$$\psi_{puv} = \begin{cases} \dfrac{1}{\sqrt{S}}\left(\dfrac{k_{yuv}}{K_{uv}}\hat{x} - \dfrac{k_{xu}}{K_{uv}}\hat{y}\right)e^{-j(k_{xu}x + k_{yuv}y)}, & n = 1:\text{TE} \\ \dfrac{1}{\sqrt{S}}\left(\dfrac{k_{yuv}}{K_{uv}}\hat{x} - \dfrac{k_{xu}}{K_{uv}}\hat{y}\right)e^{-j(k_{xu}x + k_{yuv}y)}, & n = 2:\text{TM} \end{cases} \qquad (2-6)$$

式中:参量 S 表示单元的面积且 $K_{uv} = \sqrt{k_{xu}^2 + k_{yuv}^2}$。不同的 u 与 v 可以表示不同的矢量 Floquet 模,并且传输常数 k_{xu} 与 k_{yuv} 可分别表示为

$$\begin{cases} k_{xu} = k_0 = \sin\theta_i\cos\varphi_i + \dfrac{2\pi u}{d_x} \\ k_{yuv} = k_0 = \sin\theta_i\sin\varphi_i + \dfrac{2\pi v}{d_y\sin\alpha} - \dfrac{2\pi u}{d_x\tan\alpha} \end{cases} \qquad (2-7)$$

并且可以证明 ψ_{puv} 具有正交归一性:

$$\int_S \psi_{puv} \cdot \psi_{p'u'v'}\mathrm{d}x\mathrm{d}y = \delta_{pp'}\delta_{uu'}\delta_{vv'} \qquad (2-8)$$

此时,z 方向上的传播常量 $k_{zuv} = \sqrt{k_0^2 - K_{uv}^2} = \sqrt{k_0^2 - k_{xu}^2 - k_{yuv}^2}$。在平面周期结构中,所入射的平面波均可以看作是 TE 极化与 TM 极化 Floquet 模式的叠加。在解决无限大周期排布的实际问题时,可以采用基于时域有限差分法[147-149] (Finite Difference Time Domain, FDTD)、矩量法[150-153] (Method of Moments, MoM)及有限元法[154-156] (Finite Element Method, FEM)等全波数值分析方法。

在本书反射阵及传输阵单元的设计实践中,采用了基于有限元法的(High Frequency Structure Simulator, HFSS)商业软件对单元特性进行分析研究。通过设置主从边界条件,并采用 Floquet 端口激励方法,能够模拟单元在无限大周期排布中的电磁特性。尽管在 HFSS 仿真软件中对无限大周期排布单元的处理采用相同参数尺寸的近似法,但这种近似求解方法误差较小,可以还原单元本身的电磁参数特性。此外,设置主从边界条件与 Floquet 端口激励时可以选择电磁波的入射角度和极化方式,这也便于对单元的斜入射性能进行研究。就反射阵而言,通常背侧安装一块反射板以起到全反射的作用,故仅需要设置一个 Floquet 端口激励,而传输阵需要同时考虑透波与相移特性,电磁波从一侧入射而从另一侧出射,所以需要设置两个 Floquet 端口激励,这些区别可以从图 2.4 所示的模型图中看出。同时,图 2.4(a)和(b)分别给出了主从边界设置的反射阵和传输阵单元 HFSS 模型图及单元特性曲线,从单元特性曲线中可以看出,不同频率条件下反射阵单元的反射幅度改变不大,幅度具有全反射特性,而不同频率条件下传输阵单元的传输幅度范围发生了一定的改变,传输幅度与相位整体发生平移,这对于宽频带传输阵单元的设计是极为不利的。

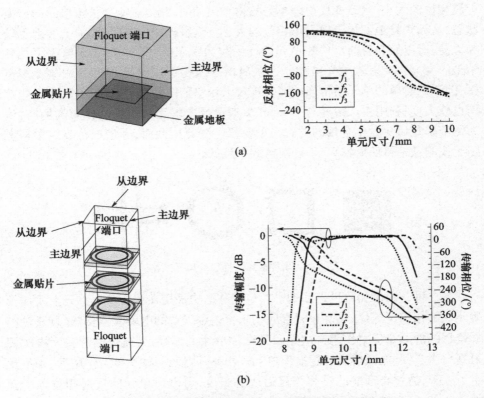

图 2.4　反射阵和传输阵单元 HFSS 模型及单元特性曲线

（a）反射阵单元仿真模型与相移曲线示意图；（b）传输阵单元仿真模型与幅相曲线示意图。

2.3　反射阵与传输阵天线单元结构类型及带宽分析

反射阵及传输阵天线通过对阵面上每个单元进行合适的相位校正使其在出射口径面上形成平面波前,故阵列单元的相位校正准确与否将极大地影响天线的频带宽度,辐射效率以及交叉极化等特性。近年来,科研人员提出了多种不同结构形式的反射阵及传输阵单元,用以实现诸如宽频带、多极化以及低交叉极化特性等。下面就不同相位校正方式的反射阵及传输阵单元进行详细讨论。

2.3.1　反射阵天线单元结构类型

根据所采用的单元相位校正方式,反射阵单元可分为如下 4 种基本结构类型。第一种是单元变尺寸型,其采用改变单元自身结构参数实现反射相移的调控[23-25,29-32]。这种方法的基本原理是:单元谐振长度的改变将极大地影响着反射波相位的大小,当改变反射阵单元的物理尺寸时,相当于改变了该单元的谐振状态,从而间接地调控了散射场相位的大小。这种调相机制简单,加工实现也较为方便,所以成为目前反射阵单元设计中较为常用的方法。图 2.5 给出了几种常见的变尺寸反射阵单元结构。这些简单的结构可以满足 360° 的相移调控范围,但这种简单的单元结构形式要实现较大相移范围的覆盖,其单元尺寸变化范围也较大,而利用主从边界与 Floquet 端口设置求解无限大周期排布问题时,认为每个单元尺寸大小是相同的。当单元尺寸变化剧烈时,会造成仿真结果与实际天线测量结果偏离较大,阵列辐射效率降低。

图 2.5   几种常见的变尺寸单元结构

第二种是附加相移延迟线型[18-22],这种结构采用在相同贴片单元上附加长短不一的相移延迟线,贴片单元接收到来自馈源天线的电磁波,电磁能量通过相移延迟线的开路反射作用再次返回到贴片单元上,随后又通过贴片单元再次辐射到自由空间,电磁能量经过贴片单元—相移延迟线—贴片单元作用后,相位发生了改变,通过合理地调整相移延迟线的长度,可以对单元的反射相位进行调控。此外,还有缝隙耦合型与耦合传输线型。典型的相移延迟线单元结构模型如图 2.6 所示。这种类型单元的最大好处是可以有条件地实现宽带性能,但在设计时要保证贴片单元工作在谐振频率附近且相移延迟线与贴片单元之间要实现阻抗匹配。同时,这种附加相移延迟线结构也可以实现代价较小的双线极化

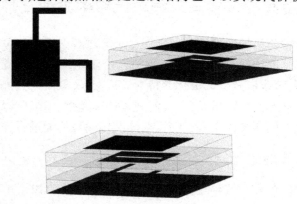

图 2.6   相移延迟线反射阵单元结构

辐射。但这种类型的单元也具有较大的局限性,由于延迟线枝节的添加使得反射阵天线的交叉极化性能下降,并且多层的耦合传输线结构设计使得单元的结构变得更为复杂,剖面进一步增大。

第三种是旋转单元结构[93,143]。旋转单元结构通过控制单元的旋转角度以达到对反射相位的调控。典型的旋转单元结构如图 2.7 所示,当单元以 φ 旋转时,所能实现的反射相位为 2φ,故单元仅需实现 180° 的旋转角度就能够达到 360° 的相移调控,并且阵面上每个旋转贴片结构的尺寸都相同,这一定程度上减小了由于相邻单元间结构尺寸差别过大带来的误差,这种旋转结构类型的单元具有较好的增益带宽,并且交叉极化特性较好。但旋转单元结构同样存在局限性,它仅适用在圆极化反射阵天线的设计中,并且入射波同样为圆极化波。

第四种是加载可控模块的单元结构。加载可控模块可以实时有效地控制单元的反射相位,从而实现所需要的辐射性能。这种方法起源于相控阵天线设计,但与相控阵天线最大的区别为,加载的可控模块设计简单,造价低廉,仅实现相位调控而没有能量再分配,从而省去了复杂的功分网络设计,可以实现较低成本的波束扫描或波束赋形等功能。目前,加载可控模块主要指的是电子移相器的加载,电子移相器依种类可划分为 PIN 二极管[79,81]、变容二极管[82-83]、微机电系统[74-77]和铁电薄膜移相器[88-89]等。

图 2.7　旋转圆极化反射阵单元结构

2.3.2　传输阵天线单元结构类型

传输阵天线单元的设计要在满足透波性能良好的前提下,能够对传输相位进行调控,这就对传输阵单元的设计提出了更多的要求。目前,传输阵单元设计应用最多的两种结构类型是基于频率选择表面的多层堆叠结构单元和接收 - 再辐射型结构单元。

1. 基于频率选择表面的多层堆叠结构单元

频率选择表面(FSS)是一种平面二维或三维周期性排布的阵列结构,并且阵列单元结构尺寸是完全相同的。依工作特性,频率选择表面可分为带通型和带阻型,经优化设计的频率选择表面结构可使工作在谐振频点附近的电磁波完全透过。利用频率选择表面结构较好的透波特性,并通过改变单元尺寸参数,可以实现对透射波的相位调控,从而实现传输阵单元特性。对于采用频率选择表面结构实现传输特性的单元,使用相同结构堆叠的方法可以有效地扩展传输相位的调控范围。对此,清华大学的杨帆教授及其课题组做了详细的讨论,并得出一般性结论:在 -1 dB 传输幅度跌落范围内,单/双/三/四层的频率选择表面单元可以实现至多 $54°/170°/308°/360°$ 的传输相位动态调整[112],并且较多的层数堆叠也会使得传输带宽进一步增加。但由于频率选择表面是一种强谐振结构,具有较高的 Q(品质因数)值,所能实现的传输带宽较窄。除此之外,多层频率选择表面结构单元还可以通过单元旋转技术实现相位的调控[139],这种方法可以实现较好的增益带宽性能。同样地,使用旋转控制技术实现传输阵天线,其馈源天线必须为圆极化天线。典型的频率选择表面传输阵单元结构如图 2.8 所示。

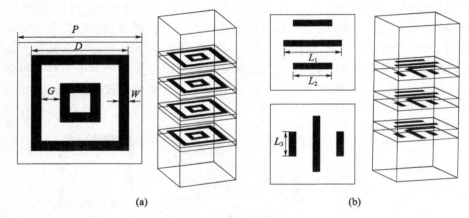

图 2.8 频率选择表面传输阵单元结构模型图

(a)4 层变尺寸型单元;(b)旋转圆极化型单元。

2. 接收 – 再辐射型结构单元

接收 – 再辐射型单元可实现方便快捷的幅相传输,这种单元通常由两组贴片分别印刷于介质板的两侧,中间用一层金属地板隔开,地板上通常开有缝隙,通过采用一段传输线将上下两层贴片相连以实现传输相位的改变,称为直连式,而通过地板缝隙将上层能量耦合到下层,称为耦合式,其结构如图 2.9 所示。这种单元的最大优点是实现起来较为方便且容易理解,但其效率较低,频带通常较窄,这是由于所采用的两组收发贴片具有窄频带工作特性以及低效的耦合传输特性。虽然通过增加层数的方法可以提升带宽,但会带来厚度增加以及制作成本上升等不利影响。此外,接收 – 再辐射型单元还可通过附加可控电子移相器等方法实现电波束可调功能,从而实现可重构功能[119-126]。

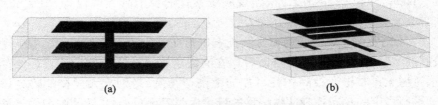

图 2.9　接收 – 再辐射传输阵单元结构模型图
(a) 直连式；(b) 耦合式。

2.3.3　反射阵与传输阵天线带宽分析

平面反射阵与传输阵天线的快速发展得益于大规模微带印刷技术的使用，而微带贴片单元本身具有的窄带特性使得反射阵与传输阵天线的带宽难以提升。此外，频率色散所造成的空间相位延迟差别也是天线带宽较窄的一个重要因素。反射阵与传输阵天线的频带展宽方法主要有以下几种。

（1）采用多谐振的结构。采用多谐振结构可以增加谐振。通常，单一的谐振所能提供的频带及相移范围有限，通过引入新的谐振，可在一定程度上增加相移的范围。从仿真结果来看，往往是相移范围增加，相移曲线趋于平缓，一般而言，单元相移曲线平缓且不同频点的相移曲线近似平行，通过组阵设计可以获得宽带反射阵及传输阵天线。特别地，在针对传输阵单元设计，考虑到幅度传输同样影响宽带性能及效率，所增加谐振频点应与原结构所产生谐振频点相近，这样两个相互靠近的谐振频点可能会产生较好的幅度与相位输出，从而使得传输阵带宽增加。在实现方式上，采用增加相同结构层数或在层数不变条件下增加新的谐振结构，这两种方法都能实现频带的展宽。在实现的代价方面，通过增加结构层数会使带宽得到提升，与此同时，单元的总厚度会增加，这也在一定程度上限制了其应用。通过在原有单元结构层上设计新的耦合结构增加谐振频点，这种方法可以获得较为直接的带宽增加，但这种方法设计难度较大，同一层介质基板上蚀刻不同谐振结构且要达到增加相移、展宽频带的目的较为困难。此外，对于多层堆叠结构的传输阵单元设计，可以通过引入一个蚀刻不同金属结构的介质层，用以改变原有传输阵单元相邻层之间的耦合情况，通过合理的结构设计能够有效地展宽传输阵的频带宽度，这一新颖的设计方法将在本书第 4 章中作详细介绍。

（2）采用耦合枝节或耦合贴片。此类方法在设计宽频带反射阵天线时较为常用，通过添加耦合枝节，并改变耦合枝节长度从而使相移得到调控。在实际设计应用中，还可以采用时间延迟线（True Time Delay）对相移进行控制，这种方法对频率信息不敏感，近年来，应用各向异性微型频率选择表面单元作为空间时延单元(Spatial Time Delay Unit)来实现频带展宽的反射阵天线设计[41-42,157-158]，但这种方法设计复杂程度高，并且天线所占据的空间体积较大。

（3）采用亚波长单元结构。亚波长排布的反射阵及传输阵单元已被证明具有较好的宽带性能，这种方法可以看作在有限的半个波长范围内排布较多的单元，通过增大排布密度提高相移可控的范围与精度，特别在大规模的阵列排布时，这种高密度的排布规则使得相移的量化误差程度减小，从而使阵列的性能得到进一步的提升。

（4）采用阵列优化的手段提升反射阵及传输阵天线的性能。对于大口径尺寸的阵列设计，频率色散所引起的空间相位延迟差别成为制约反射阵及传输阵天线宽带性能提升的重要因素。采用优化技术的关键点是选取合适的补偿初值，由于频率色散的原因，使得上下边频及中心频点所需的补偿相移大小有所不同，通过在频带内离散几个频点（通常选取上下边频以及中心频点），采用优化设计方法获得一组补偿相位值，以使天线在工作频带内相移补偿的偏差最小，这将有效地减小不同频点所补偿相位与实际所需补偿相位的差别，从而提升反射阵及传输阵天线的实际工作带宽[43,113]。

2.4　反射阵与传输阵天线参数设计选取准则

反射阵及传输阵天线的设计步骤分为 3 步：一是设计具有相移调控的单元；二是综合选择馈源天线；三是阵列天线的整体设计。

2.4.1　反射阵与传输阵单元设计

具有较好相移特性的单元设计是反射阵及传输阵列设计的核心所在。一般而言，为了获得较好的相移补偿效率，360°的相位调控范围是基本条件。但考虑到增大相移调控范围是以增大单元的设计复杂度为前提的，同时馈源极化波照射到阵列边缘尺寸上的能量相较于照射到中心单元的能量要低 6 dB 以上，故中心区域单元对阵列的贡献远大于位于边缘的相移单元，所以在实际布阵设计时，通过将相移曲线平移的手段，将具有较好相位取值范围的单元分配在阵列的中心区域，这样可以保证在传输效率不降低的前提下，降低对反射阵及传输阵单元相移调控范围的需求。依据设计经验，相移曲线较为平坦且满足 330°的调控范围即可达到设计要求。

在阵列中单元所处的位置不同使得馈源入射波照射到每个单元的路径有所不同，这种路径不同所造成的相位差别就是空间相位延迟。每个单元所应补偿的相位可以从以上所设计相移单元曲线上获得，所需补偿的相位值在 2.2.1 节中已详细介绍，这里不再赘述。

反射阵和传输阵天线在布阵设计时,绝大多数阵列单元处在馈源极化波斜入射照射范围内,所以对反射阵和传输阵单元而言,馈源极化波斜入射条件下是否具有较好的相移特性也是重要的设计目标。垂直入射波可以分解为 x 方向的 **TM** 极化波与 y 方向的 **TE** 极化波。当馈源入射波 S 以 θ 角度照射到阵面单元时,馈源极化波分量可以分解为 **TE'** 波分量及 **TM'** 波分量,如图 2.10 所示。由于极化波分量的矢量方向发生改变,沿 x/y 轴方向贴片单元尺寸的改变对两个极化分量产生了影响,当贴片单元沿 x/y 轴向尺寸不对称时,两个极化分量的斜入射性能可能会恶化。对于反射阵天线,其背侧为一块金属反射板,馈源极化波经上层相移单元调相后,再通过金属反射板反射回自由空间,辐射回自由空间的反射波主要由贴片单元再辐射波和金属反射板反射波两部分组成,由于反射板的作用,使得能量大部分反射,并存在 180° 的反射相位改变,通过合理地设置焦径比可以减小边缘反射波的影响,所以对于大多数对称结构的反射阵单元,其斜入射性能较好。对于传输阵单元,其要满足在传输幅度较好的条件下,能达到对传输相位的调控,在斜入射情况下,**TE'** 波分量及 **TM'** 波分量的改变将对传输幅度产生较大的影响。简而言之,就是单元在斜入射条件下的等效谐振尺寸减小,此时,传输通带可能向高频方向偏移,这样会造成在所需频点上形成阻带,形成全反射。所以,在设计传输阵单元时,要考虑斜入射条件下,等效谐振尺寸的减小造成的频带偏移。

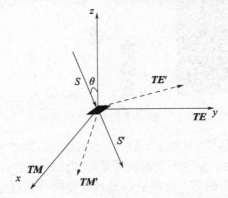

图 2.10 斜入射条件下 **TE/TM** 波极化分量示意图

除此之外,相移曲线较为平坦且在不同频点处的相移曲线近似平行的单元,具有较宽的频带特性。在单元周期的选择上,考虑到栅瓣以及宽频带的要求,通常选择单元周期小于等于半个波长。

2.4.2 反射阵与传输阵天线的馈源性能要求

馈源天线是将来自于馈线的射频信号能量以电磁波的形式辐射到阵列口径面上,并在阵列的口径面上形成所需要的场分布,它是反射阵和传输阵天线的重要组成部分。馈源天线的电性能将对阵列产生较大的影响,所以选择合适的馈源天线是提升阵列性能的重要手段。

在反射阵天线的馈源选择中,由于平面反射式机理,入射波经阵面调相后反射回自由空间,而采用正馈方式的反射阵天线会受到馈源的遮挡,导致其辐射效率明显降低。因此,正馈式的反射阵天线要尽量减小馈源口径面大小,避免遮挡。在实际应用中,由于渐变槽线天线具有结构简单、宽频带、横截面较小等优点常被用作反射阵天线的馈源,如图 2.11 所示。但此类天线的相位中心会随频率发生较小的偏移,使得馈源的视在相位中心与反射阵天线的焦点不重合,这会一定程度上降低辐射效率。通常采用馈源偏置的方法来避免对反射波的遮挡效应,但将馈源天线偏置会使得馈源波束与阵面主波束不在同一个方向上,部分单元的斜入射角度会增大,对阵面单元的斜入射性能提出了更高的要求,同时馈源偏置会使得反射阵面不具有结构对称性,这在增加设计难度的同时也引入了较高的旁瓣电平以及较高的交叉极化电平值。

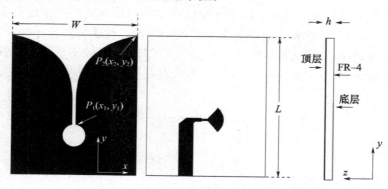

图 2.11 渐变槽线天线结构示意图

对于传输阵天线而言,其馈源天线采用后置方式,电磁波透过阵面形成波束汇聚,有效地避免了由于反射阵馈源前置所带来的遮挡效应,所以选择辐射增益特性好,E 面、H 面方向图等化性能良好及具有宽频带特性的喇叭天线是较为合适的。典型的角锥波纹喇叭结构示意图如图 2.12 所示。

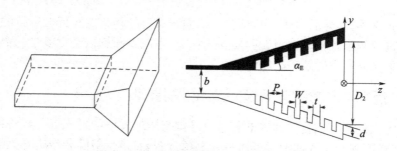

图 2.12 角锥波纹喇叭天线结构示意图

反射阵及传输阵天线的馈源选择要求可归纳如下。

(1)合适的增益方向图特性。由于反射阵及传输阵天线采用的是空间馈电方式,馈源天线辐射的电磁波照射到阵列口径面上以形成所需要的场分布,当阵面的口径大小确定后,需要采用合适的馈源摆放位置以完成对阵列的能量输入。当馈源天线摆放较远时,即焦径比过大时,需要馈源的波束宽度窄一些,其波束集束程度高一些,这样才能保证馈源能量大部分为阵面所接收,提升了馈源天线的能量利用率。反之,则需选择宽波束的馈源天线。此外,馈源天线的方向图应具有较高的轴对称性,并且旁瓣应尽量低,后瓣尽量小。

(2)宽频带及稳定的相位中心。一般而言,所需设计的反射阵和传输阵天线在一个较宽的频带内都应具有较高的增益辐射特性,这就要求与之配套的馈源天线具有宽带工作特性。在实际应用中,应使馈源天线的阻抗带宽以及方向图带宽略微大于目标设计反射阵和传输阵天线的工作带宽。在选择宽带工作的馈源天线时,还要求其在工作带宽内具有较为稳定的相位中心,这样照射到阵面上的电磁波才可被认为是理想的球面波前,在口径面上的相位校正才被认为是准确的。

(3)较好的交叉极化特性及大功率容量。选择低交叉极化馈源可减小交叉极化分量对主极化波的影响从而提升阵列性能。此外,在一些特殊需求的天线系统中,需要采用大功率馈源作为输入激励。

此外,对于圆极化反射阵和传输阵天线,可以采用圆极化螺旋天线或圆极化喇叭天线作为馈源。

2.4.3 阵列整体设计

通过以上设计可以获得较好相移特性的反射阵和传输阵单元,同时可以选择合适的馈源天线,随后需要进行阵列的整体设计用以实现天线的高增益辐射特性。反射阵和传输阵天线是一种口径类天线,其增益的大小可由天线的方向性系数以及口径效率来确定。对于口径面积为 A 的反射阵和传输阵天线,方向性系数可表示为

$$D = \frac{4\pi A}{\lambda^2} \tag{2-9}$$

增益 $G = D \cdot \eta_a$,其中 η_a 为天线的效率。影响天线效率的因素有很多,如溢出效率、幅度锥削效率、馈源天线引起的损耗、阵面单元损耗以及极化失配等。在众多影响因素中,溢出效率和幅度锥削效率是影响天线口径效率的主要因素。反射阵和传输阵天线的口径效率可表示为[11]

$$\eta_a = \eta_s \cdot \eta_t \tag{2-10}$$

式中：η_s 为溢出效率，是阵列口径面截获的馈源辐射能量的百分比；η_t 为幅度锥削效率，它是馈源入射波在阵列口面的幅度锥削所造成的口径利用率。对于采用正馈形式的反射阵和传输阵天线，馈源方向图为轴对称，可用高阶余弦函数近似为 $G_f = \cos^n\theta$，其溢出效率和锥削效率可分别表示为

$$\eta_s = 1 - \cos^{n+1}\theta_0 \qquad (2-11)$$

$$\eta_t = \frac{2n}{\tan^2\theta_0\left(\frac{n}{2}-1\right)^2}\frac{(1-\cos^{(\frac{n}{2}-1)}\theta_0)^2}{(1-cos^n\theta_0)} \qquad (2-12)$$

式中：θ_0 为馈源波束照射到阵列边缘的半张角；n 的取值决定了馈源波束的集束程度，n 取值越大，则表示馈源波束集束程度越高，波束宽度越窄。图 2.13 给出了正馈条件下，反射阵天线的效率随阵列张角 θ_0 的变化曲线，对应的馈源方向图因子 $n=8$。从效率曲线图中可以得出，溢出效率与阵列张角 θ_0 成正比例关系，而幅度锥削效率与阵列张角 θ_0 成反比例关系。所以在馈源方向图给定情况下，存在一组确定的相对位置关系使得阵列的口径效率为最优，即当馈源给定时，要根据阵面规模选择合适的焦径比以实现能量的最优传输。

图 2.14 给出了在不同馈源方向图因子条件下，反射阵天线的口径效率随阵列张角 θ_0 的变化曲线图。如图所示，馈源的方向图因子 n 变大，口径效率曲线向张角变小的方向平移，这也说明当选定波束集束程度较高的馈源天线时，所对应的口径效率最佳阵列张角越小。

在反射阵和传输阵天线的整体设计时，要依据所需实现的阵列规模，选择合适的馈源天线，并合理确定馈源天线的位置，确定焦径比大小，确保阵列具有足够高的口径辐射效率。

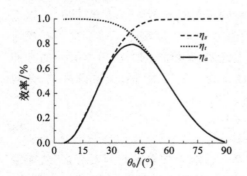

图 2.13　反射阵天线的效率随张角 θ_0 的变化曲线

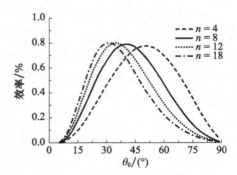

图 2.14　不同馈源波束宽度条件下反射阵天线的口径效率

2.5　本章小结

　　本章节作为后续反射阵与传输阵天线的研究基础,主要对反射阵与传输阵天线的基本理论进行了详细论述。在介绍反射阵与传输阵天线基本工作原理的同时,对阵列天线的相位补偿原理与相应的研究方法进行了详细讨论。随后介绍了不同调相机制的反射阵与传输阵天线单元结构,并对天线的频带展宽技术方法进行分析讨论。最后,对反射阵与传输阵天线各参数的影响进行了分析研究,并给出了阵列参数选取的准则,这也为后续章节反射阵与传输阵天线的设计研究工作打下了坚实的基础。

第 3 章 宽频带微带反射阵天线研究

本章主要对宽频带反射阵天线进行研究。首先,设计了一种十字交叉环形的反射阵单元,通过对单元结构参数进行优化,获得了单元较好的反射相移性能,经组阵验证,该反射阵天线具有较好的宽带辐射特性。其次,提出了一种圆贴片与双圆环组合结构单元,这种单元通过改变单元尺寸实现反射相移的补偿,同时单元尺寸在最小值与最大值时结构完全相同,通过采用亚波长周期排布实现了较好的宽带性能,随后利用该单元进行组阵设计,实验结果表明该天线具有宽频带辐射特性。

3.1 引   言

平面微带反射阵天线兼具空气耦合馈电天线和平面阵列天线的特点,它具有剖面低、体积小、重量轻、易于折叠展开、便携性能好、可与载体共形等诸多优点,可广泛地应用于长距离无线通信、电子对抗和雷达探测等领域,是近年来发展迅猛的一类新型高增益天线。但平面反射阵天线最大的缺点是天线的带宽较窄,通常,采用微带贴片单元设计的反射阵天线带宽仅为 10% 左右,这极大地限制了反射阵天线的应用范围。

本章针对反射阵天线带宽性能的提升展开了广泛的研究,设计并提出了两种具有宽带性能的反射阵单元,通过组阵验证,两种天线均展现较好的宽频带辐射性能。

3.2 基于十字交叉环贴片单元的反射阵天线

采用平面微带贴片阵列可以替代传统的几何曲面反射器结构,微带贴片单元接收并再辐射所接收到的馈源能量,经每个阵列单元合适的相位校正,可在阵列口径面上获得所需的等相位面分布。本节的研究重点是采用一种十字交叉环形反射阵单元,在对单元的结构尺寸进行优化选择后,设计实现了一款单层平面微带反射阵天线。测量结果表明,该反射阵天线具有较好的宽频带辐射特性。

3.2.1　十字交叉环单元设计

反射阵单元的几何结构如图 3.1 所示,采用花瓣及十字交叉环组合的形式。该单元的中心工作频率为 10GHz,栅格排布周期 $P = 15\text{mm}$,约为 0.5λ(λ 为中心频率对应的波长)。同时,在设计时为了减少参变量,使花瓣及十字交叉环长度 L_1、L_2 成比例且满足 $L_2 = K \cdot L_1$($0 < K < 1$)。如图 3.1 所示的结构中,宽度为 W 的花瓣及十字交叉环被印制在厚度为 H_1,相对介电常数为 2.65 的介质基板上,介质基板与地板之间所加的空气腔的厚度为 H_2,其相对介电常数为 1.07。

影响单元反射特性的结构参数包括花瓣弧长、十字交叉环弧长、环的宽度 W、介质板厚度 H_1、所填充空气腔厚度 H_2 以及长度比例系数 K。对于平面反射阵天线,采用无限大平面周期 Floquet 模方法进行分析计算,利用 Ansoft HFSS 15 仿真软件对单元的几何结构参数进行仿真分析并优化,中心频率为 10GHz,选择 Floquet 模式激励,设置好主从边界条件,使平面微带反射阵单元始终处于无限周期阵列边界条件中。在分析反射阵单元的反射相位时,近似地认为反射阵单元接收的平面波都是垂直入射的。

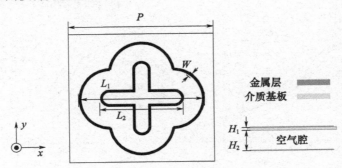

图 3.1　反射阵单元结构示意图

图 3.2(a)给出了在不同介质厚度 H_1 条件下,单元工作在 10GHz 处的反射相移随长度 L_1 的变化曲线。如图所示,改变介质厚度将对反射相移产生较大的影响,当 H_1 增大时,单元的反射相移经历了先增大后减小的过程,当 $H_1 = 2\text{mm}$ 时单元的反射相移为 460° 并且曲线较为平滑。图 3.2(b)给出了单元工作在 10GHz 处,所填充空气腔的厚度 H_2 对反射相移曲线的影响。从图中可以看出,空气腔厚度 H_2 的变化对单元的反射相移会造成一定的影响,当 $H_2 = 6\text{mm}$ 时单元的反射相移特性较好。图 3.2(c)所示为比例系数 K 取不同值时,单元工作在 10GHz 处的反射相移随长度 L_1 的变化曲线。从图中可以看出,改变比例系数 K 将会对反射相移造成较大的影响,当比例系数 K 增大时,单元的反射相移将会略微增加,但相移曲线的斜率会显著增大,这样会使单元的反射相移曲线斜率增大

变得更加"陡峭",这在反射阵单元实际补偿相移选取时会造成较大的误差,考虑到单元的反射相移范围已满足360°,我们选择比例系数 $K = 0.66$。图 3.2(d)给出了环宽度 W 取不同值时,单元工作在10GHz处的反射相移随环长度 L_1 的变化曲线。由图可见,改变单元环宽度 W 将对单元的反射相移产生较大的影响,当单元环宽度 W 增大时,单元的反射相移范围在不断减小。综合考虑选择 $W = 0.3$mm,此时单元的反射相移最佳。

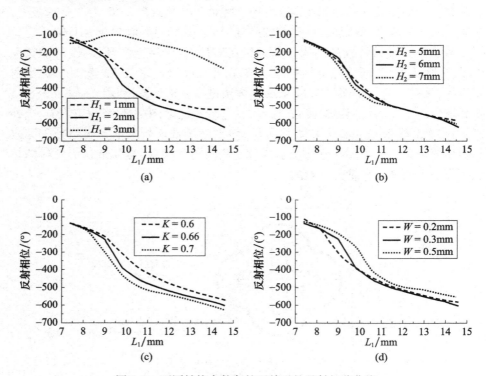

图 3.2　不同结构参数条件下单元的反射相移曲线
(a) H_1 取不同值时单元的反射相移曲线;(b) H_2 取不同值时单元的反射相移曲线;
(c) K 取不同值时单元的反射相移曲线;(d) W 取不同值时单元的反射相移曲线。

在反射阵整体设计时,不同的反射阵单元由于空间位置的差异,致使各个单元接收到来自馈源辐射能量入射角度与入射波极化方式各不相同,这使得我们必须考虑单元在不同入射电磁波照射角度以及极化方式条件下的相移调控性能。图 3.3 给出了在不同入射角度与极化条件下,单元工作在 9.5GHz 处的反射相位随环长度 L_1 的变化曲线。仿真结果表明,TE 波与 TM 波在不同入射角度下的反射相位变化趋势基本一致,对于 TE 波,L_1 取值为 8 ~ 9mm,不同斜入射角度下反射相移最大偏差不超过30°,这一相位偏差对阵列的整体设计影响不大,是可以接受的。同时,为了进一步验证反射阵单元的带宽性能,我们给出了不同频率点处,单元的反射相移随环长度 L_1 的变化曲线。如图 3.4 所示,单元在不同工作频率条件下的反射相移随 L_1 变化曲线平行性能良好,并且仅在 8.8GHz 时,L_1 在 9~10mm 范围内反射相移曲线"凸起",考虑此处离中心频率较远,这种反射相移的偏差是可以接受的。

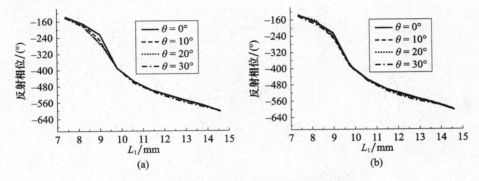

图 3.3　不同入射角度下单元反射相移性能曲线

（a）TE 波 *xoz* 面；（b）TM 波 *yoz* 面。

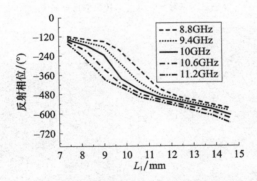

图 3.4　单元在不同工作频率条件下的反射相移曲线

3.2.2　反射阵天线的设计与实现

基于以上对反射阵天线单元性能的分析,我们设计了一款中心工作频率在 10GHz,77 个单元的反射阵天线。该天线采用方形口径分布,口径尺寸为 $D = 135$mm,介质基板的相对介电常数选择为 2.65,厚度为 2mm,介质基板与金属地板之间填充厚度为 6mm 的空气腔。为了最大限度地减少馈源遮挡,采用一款 Vivaldi 天线作为反射阵的馈源,反射阵天线采用正馈方式,焦径比 $F/D = 1$,馈源放置在阵列中心上方 135mm 处。

图 3.5 所示为 Vivaldi 天线在 10GHz 处的 E 面与 H 面辐射方向图。反射阵单元的实物照片如图 3.6 所示。根据馈源与反射阵面各个单元空间位置关系的不同所产生的空间路径时延,我们确定了反射阵各个单元所需补偿的相移量。图 3.7 给出了反射阵天线口径面相位分布图,从图中可以看出,反射阵口径面相位变化较为平坦并且所补偿相移量分布沿 x 轴和 y 轴方向对称。

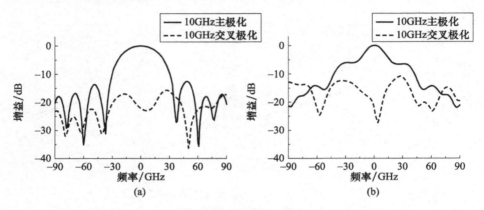

图 3.5　Vivaldi 天线在 10GHz 处的 E 面与 H 面辐射方向图
(a)E 面辐射方向图;(b)H 面辐射方向图。

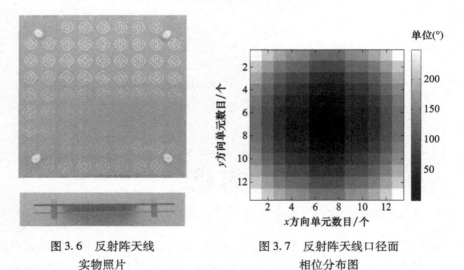

图 3.6　反射阵天线
实物照片

图 3.7　反射阵天线口径面
相位分布图

图 3.8 给出了反射阵天线在不同工作频点(8.8GHz、10GHz、11.2GHz)处的实测归一化方向图。从图中可以看出,在 3 个频点的最大辐射方向上,交叉极化电平值比主极化电平值低 27dB 以上。在 10GHz 工作频点处,副瓣电平值低于主波束电平值 14.3dB,E 面和 H 面半功率波束宽度分别为 15° 和 14°,反射阵天

线波束集束效果良好,最大增益值为 18.9dBi,对应的反射阵天线口径效率为 30.5%,反射阵天线口径效率过低的主要原因是所采用的馈源天线 E 面与 H 面方向图不等化及馈源天线漏射效率较低。在 8.8GHz 与 11.2GHz 边频点处,其副瓣电平值低于主波束电平值 15dB 以上,在两个边频点处的 E 面和 H 面半功率波束宽度分别为 15°、16°和 15°、15°,并且方向图的一致性较好。

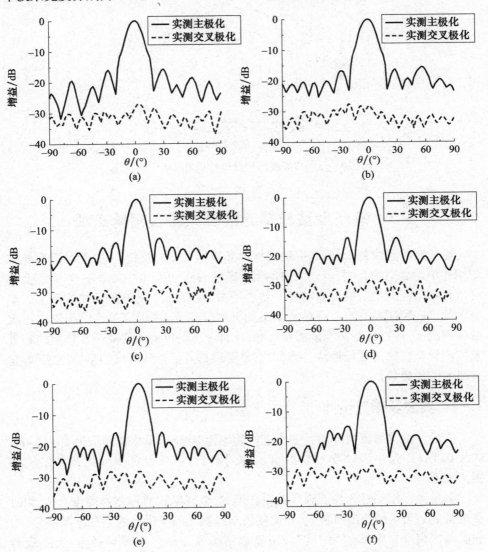

图 3.8　反射阵天线在不同工作频点处的实测归一化辐射方向图
(a)E(xoz)面 8.8GHz;(b)H(yoz)面 8.8GHz;(c)E(xoz)面 10GHz;
(d)H(yoz)面 10GHz;(e)E(xoz)面 11.2GHz;(f)H(yoz)面 11.2GHz。

图 3.9 给出了所设计反射阵天线的测量增益随频率变化的曲线。从图中可以看出,所设计反射阵天线测量的 1dB 增益带宽为 22%(8.8~11.2GHz),测量的最大增益值在 10GHz 为 18.9dBi,对应的反射阵天线效率为 30.5%。实测结果表明,所设计反射阵天线具有高增益辐射特性且具有相对较宽的工作频带。

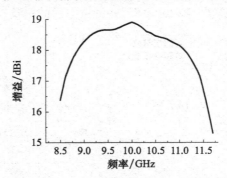

图 3.9　反射阵天线的测量增益随频率变化的曲线

3.3　基于亚波长单元的宽频带反射阵天线

在反射阵天线的设计中,一般选择单元周期大于半波长,一方面可以有效减弱相邻单元之间的互耦,但较大的单元周期使得阵列尺寸过大,另一方面还会使得单元在不同频率上的反射相移一致性不好,从而减小反射阵天线的带宽。本节设计了一种圆贴片与双圆环复合结构反射阵单元,在保证单元结构形式不改变的情况下,通过减小单元的周期尺寸,使得单元的反射相移曲线在较宽的频带范围内具有良好的平行特性,从而可以显著地提升反射阵天线的整体性能,展宽天线的工作频带。

3.3.1　亚波长单元设计

所设计的单层反射阵单元中心工作频率为 10GHz,栅格排布周期 $L = 12\text{mm}$,约为 0.4λ(λ 为中心频率对应的自由空间波长)。反射阵单元的几何结构如图 3.10 所示。

该单元采用圆贴片与双圆环的组合形式,金属结构被印制在厚度为 h、相对介电常数为 4.4 的介质基板上,介质基板与地板之间所附加的空气腔厚度为 h_1,介质基板相对介电常数为 1.07。该复合结构最外层内圆环半径为 r_4,厚度为 W_d,内层嵌套一个圆环与圆形的贴片,内圆环内半径为 r_3,厚度为 W_r,内圆形贴片半径为 r_1。反射阵单元通过改变内圆环 r_3 的尺寸达到调控反射相移的目的,当内圆环半径从 $r_{3\text{min}} = r_1$ 变化到 $r_{3\text{max}} = r_4 + 2 \cdot W_d$,即如图 3.11 所示的第一步变

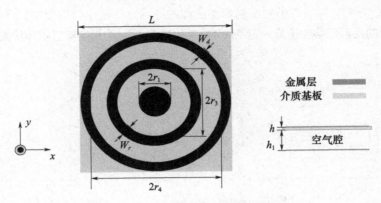

图 3.10　反射阵单元结构示意图

化到第五步,反射相移从 $0°$ 增加到 $360°$,而内圆环内半径 r_3 取最小值和取最大值时,反射阵单元的几何结构形式完全相同,我们将这种单元称为"重生"单元。由于这种"重生"单元的变化尺寸最小值与最大值几何结构形式相同,反射相移在大于 $360°$ 的尺寸选取时,相邻单元几何结构变化差异较小,这样可以有效地减小由于相邻单元变化剧烈带来的误差,从而提升阵列的整体性能。

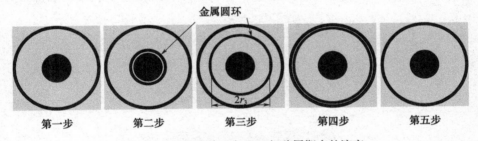

图 3.11　反射阵单元在 $360°$ 相移周期内的演变

　　对于所设计结构,采用无限大平面周期 Floquet 模方法进行分析计算,应用 Ansoft HFSS 15 仿真软件对单元的几何结构参数进行仿真分析并优化,中心工作频率为 10GHz,选择 Floquet 模式激励,设置好主从边界条件,使得平面微带反射阵单元始终处于无限周期阵列边界条件中。在分析反射阵单元的反射相位时,近似地认为反射阵单元接收的平面波都为垂直入射条件。

　　图 3.12(a)给出了外环宽度 W_d 取不同值时,单元工作在 10GHz 处的反射相移随内圆环内半径 r_3 的变化曲线。从图中可以看到,增大 W_d 使得反射相移略微增加,但同时会使相移斜率增大,相移曲线变得陡峭,而反射相移斜率的增大会造成相同加工精度条件下,单元的相位误差增大,从而严重影响反射阵性能。综合考虑,我们选择外环宽度尺寸 $W_d = 0.4mm$。图 3.12(b)所示为单元工作在 10GHz

处,所填充空气腔 h_1 的大小对反射相移曲线的影响。从图中可以看出,空气腔的厚度对单元的反射相移会造成一定的影响,当 $h_1 = 8mm$ 时单元的反射相移特性较好。

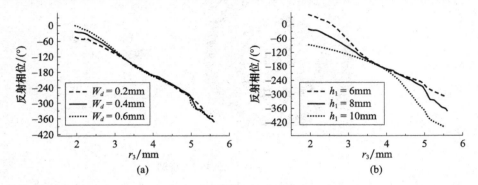

图 3.12　不同结构参数条件下单元的反射相移曲线
（a）W_d 取值不同时单元的反射相移曲线；（b）h_1 取值不同时单元的反射相移曲线。

在保证其他参数尺寸不变的前提下,减小单元周期尺寸能够使得反射相移曲线在较宽的频带范围内具有良好的平行特性。图 3.13 所示为不同单元周期反射相移随内圆环内半径 r_3 的变化趋势。从图中可以看到,亚波长周期排布的

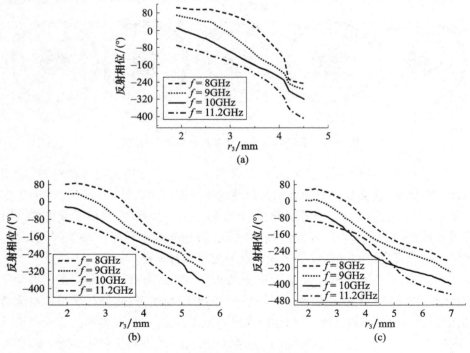

图 3.13　不同单元周期相移曲线
（a）$L = \lambda/3$；（b）$L = 0.4\lambda$；（c）$L = \lambda/2$。

单元与半波长周期排布的单元反射相移范围相同,采用合适的周期栅格排布将会使得反射阵单元在不同频率下的反射相移随 r_3 的变化曲线平行性能良好,显著提升反射阵天线的频带宽度。综合考虑,我们选取周期 $L=12\,\mathrm{mm}$,约为 0.4λ。

在进行单元排阵时,反射阵面上不同位置的反射阵单元所接收到的来自馈源辐射能量的照射角度与极化方式不同,使得我们必须考虑单元在斜入射条件下的反射性能。图 3.14 给出了在不同入射角度条件下,反射阵单元工作在 10GHz 处,反射相位随内圆环内半径 r_3 变化的曲线,参数 ϕ 和 θ 分别表示方位角与俯仰角。对于 TE 模式($\phi=0°$)和 TM 模式($\phi=90°$),在不同入射角度条件下单元的反射相位改变趋势基本一致,仅在 30° 斜入射时且半径尺寸 $r_3\leqslant2.5\,\mathrm{mm}$,$r_3\geqslant5\,\mathrm{mm}$ 范围内,反射相移有一定程度的偏差,而这些反射相位的偏差对反射阵天线的整体设计影响不大,是可以接受的。

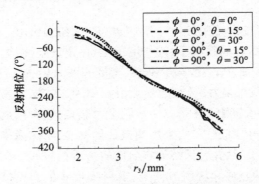

图 3.14　不同照射角度下单元反射相移性能曲线

3.3.2　宽带反射阵天线的设计与实现

基于以上对反射阵天线单元性能的分析,我们设计制作了一款中心工作频率为 10GHz、225 个单元的反射阵天线。该天线采用方形口径分布,口径尺寸为 $D=180\,\mathrm{mm}$,介质选择为相对介电常数为 4.4、厚度 $h=1.6\,\mathrm{mm}$ 的介质基板,介质基板与地板之间填充厚度为 $h_1=8\,\mathrm{mm}$ 的空气腔。考虑到低成本、减小馈源遮挡等因素,采用 3.2.2 节中的 Vivaldi 天线作为反射阵的馈源。反射阵天线采用正馈方式,馈源放置在阵列中心上方 144 mm 处,即馈源焦距 $F=144\,\mathrm{mm}$,焦径比 $F/D=0.8$。反射阵天线的实物照片如图 3.15 所示。基于反射阵各个单元空间路径时延不同,我们计算出每个反射阵单元所需补偿的相位值,并由图 3.14 所示曲线选择合适的反射阵单元尺寸,反射阵口径面上的相位分布如图 3.16 所示。从图中可以看出,反射阵口径面相位变化较为平坦,所补偿的相移量分布沿 x 轴和 y 轴方向对称。

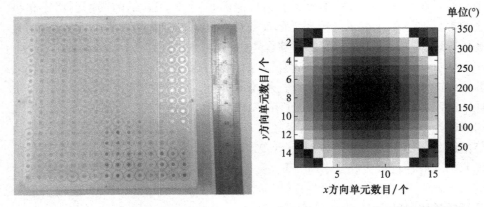

图 3.15　反射阵天线实物照片　　　　图 3.16　反射阵天线口径面相位分布

图 3.17 给出了反射阵天线在不同频点(8.3GHz、10GHz、11.2GHz)处的实测归一化辐射方向图。如图所示,在 10GHz 中心频点处,副瓣电平值低于主波束电平值 13.7dB,E 面和 H 面半功率波束宽度分别为 9°、9°,这表明所设计反射阵天线的波束集束效果良好,天线的最大增益值为 22dBi,对应反射阵天线的口径效率为 35%。在 8.3GHz 与 11.2GHz 两个边频点处,天线的副瓣电平值低于主波束电平值 14.5dB 以上,在两个边频点处的 E 面和 H 面半功率波束宽度分别为 10°、11°和 11°、11°,并且天线的方向图的一致性较好。在 8.3GHz、10GHz、11.2GHz 3 个工作频点最大辐射方向上,反射阵天线的交叉极化电平值比主极化电平值低 30dB 以上。

为了更好地说明亚波长单元栅格排布能有效地提升反射阵天线的带宽,我们同样给出了反射阵天线增益随频率的变化曲线图。如图 3.18 所示,反射阵天线测量的 1dB 增益带宽为 29%(8.3~11.2GHz),天线测量的最大增益值在 10GHz 为 22dBi,对应的反射阵天线口径效率值为 35%。实测结果表明,所设计的反射阵天线具有较宽的工作频带。

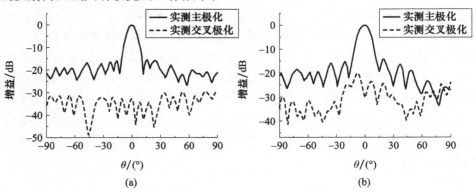

(a)　　　　　　　　　　　　　　　　(b)

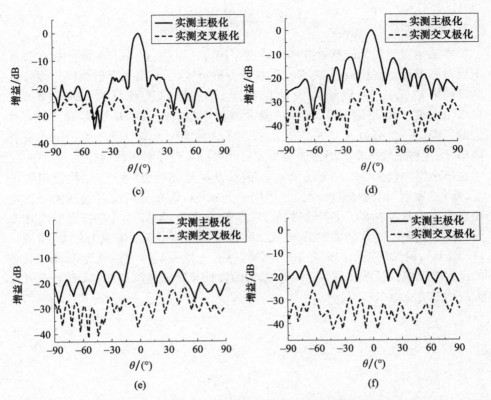

图 3.17 反射阵天线在不同频点处的实测归一化辐射方向图

(a) E(*xoz*) 面 8.3GHz;(b) H(*yoz*) 面 8.3GHz;(c) E(*xoz*) 面 10GHz;
(d) H(*yoz*) 面 10GHz;(e) E(*xoz*) 面 11.2GHz;(f) H(*yoz*) 面 11.2GHz。

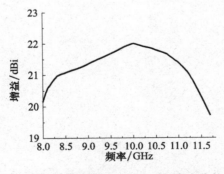

图 3.18 反射阵天线的测量增益随频率变化的曲线

3.4　本章小结

　　本章主要对宽频带反射阵单元进行了研究。首先,设计了一种十字交叉环形反射阵单元,通过对反射阵单元结构参数进行优化,获得了反射相移特性较好的反射阵单元,经天线组阵设计与验证,该反射阵天线具有 22%（8.8 ～ 11.2GHz)的 1dB 增益带宽,天线的最大测量增益值在 10GHz 时为 18.9dBi,对应的天线口径效率为 30.5% 。其次,提出了一种圆贴片与双圆环复合结构反射阵单元,这种反射阵单元通过改变单元尺寸可以实现反射相移的补偿,而单元尺寸在最小值与最大值时单元结构完全相同,此类单元称为“重生”结构反射阵单元,这种“重生”结构反射阵单元的周期仅为 0.4λ,该单元的反射相移曲线在宽频带范围内具有较好的平行特性,利用这种“重生”反射阵单元进行天线组阵设计与加工测量。实验结果表明,该反射阵天线 1dB 测量增益带宽为 29%（8.3 ～ 11.2GHz),最大增益值出现在 10GHz 频点处,天线的实测增益值为 22dBi,对应的反射阵天线口径效率值为 35% 。本章的设计及实验结果表明,这两类反射阵天线均具有宽频带辐射特性。

第4章　宽频带及低剖面双极化
传输阵天线研究

本章将研究宽频带及低剖面双极化传输阵单元及阵列。首先,提出了一种双花瓣结构传输阵单元,通过对单元结构尺寸进行优化,实现了宽频带工作的4层传输阵天线。其次,研究并设计了一种3层复合结构传输阵单元,通过引入一个不同于上下两层的结构层,改变了传统3层单元结构的耦合情况,增加了一个新的谐振,新谐振的引入使得传输阵的传输特性发生了改变,在较宽的频带范围内,单元传输幅度较好,不同频率间的传输相位曲线近似平行,从而可以有效地展宽传输阵天线的频带宽度。最后,提出了一种超低剖面双极化传输阵单元,这种单元结构没有空气腔的填充,所以传输阵的剖面较低,传输阵单元的中间层结构与上下两层结构不同从而可以引入一个新的谐振,通过对3层单元结构参数进行合理的设计后,获得了两个极化方向上隔离性能较好的低剖面传输阵单元,随后采用线圆极化转换实验有效地验证了该设计的合理性。

4.1　引　　言

传输阵天线是近年来发展迅猛的一类新型高增益天线,它同反射阵天线一样,具有平面化、轻质量、无馈电网络、易与载体共形、可低成本地实现波束控制及加工制作便宜等优点。传输阵与反射阵天线最大的区别是:传输阵天线采用馈源后置的方式,电磁波透过阵面形成波束汇聚,这有效地避免了反射阵馈源前置所带来的遮挡效应。

传输阵天线的设计要考虑在传输幅度满足要求的条件下,单元能够达到所需补偿的相移量。影响传输阵天线带宽性能的因素很多,如馈源天线的选择、阵列口面尺寸大小、阵单元本身的宽带特性以及相位校准方式等。在宽带单元的设计中,要同时满足单元的传输幅度在频带范围内尽可能高,并且不同频点的单元传输相移曲线平行性较好。此外,低剖面及双极化传输阵天线设计方法也是提升传输阵综合性能的有效手段。早前的传输阵天线设计大多采用多层频率选择表面堆叠法及接收再辐射法,这两种方式使得传输阵天线的剖面过高,并且难以实现传输阵在低剖面条件下的多极化工作。本章将针对传输阵天线的频带展宽及低剖面双极化的设计实现工作展开研究。

4.2　基于双花瓣形贴片单元的传输阵天线设计

传输阵单元的设计会极大地影响阵列的整体性能,其难点是:传输阵单元传输幅度满足要求的条件下,传输相移达到 360°。本节的研究重点是采用一种双花瓣形传输阵单元,在对单元的结构参数进行优化选择后,设计了一款 4 层结构的传输阵天线,仿真与测量结果表明,该传输阵天线具有较宽的工作频带。

4.2.1　双花瓣结构单元的设计

在设计传输阵单元时,要同时满足传输幅度较好与传输相移范围较大这两个设计准则。基于以上考虑,本节设计了一种传输幅相性能良好的传输阵单元,该单元的中心工作频率为 9.5GHz,栅格排布周期 $P = 15\text{mm}$,约为 0.47λ(λ 为中心频率对应的自由空间波长)。传输阵单元的几何结构如图 4.1 所示,该单元具有 4 层结构,每一层单元采用双花瓣贴片结构蚀刻在相对介电常数 $\varepsilon_r = 2.65$、厚度 $T = 2\text{mm}$ 的介质基板上。为了获得较好的传输阵单元相移曲线,在传输阵单元的层与层之间引入 $H = 8\text{mm}$ 的空气腔,"花瓣"的内环与外环长度满足 $L_2 = L_1 \cdot K$,"花瓣"环的宽度为 W,K 为内环与外环长度的比值,通过调控"花瓣"外环长度 L_1 以改变单元表面电流分布,从而实现对传输幅度与相位的控制。对于所设计的传输阵单元结构,应用 Ansoft HFSS 15 进行仿真建模并对单元结构参数进行优化。

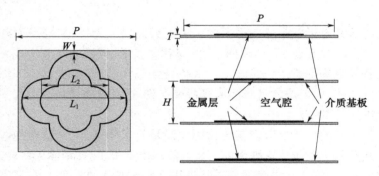

图 4.1　双花瓣单元结构示意图

图 4.2(a)给出了传输阵单元"花瓣"环宽度 W 取值不同时,单元工作在9.5GHz 处的传输幅度和相位随"花瓣"外环长度 L_1 的变化曲线。如图 4.2(a)所示,改变传输阵单元宽度 W 将对传输幅度和相位产生较大的影响。当 W 增大时,单元的传输相移显著增加,但与此同时,单元的 −3dB 传输幅度范围经历了先增大后减小的过程。考虑到要满足传输阵单元在所需传输相移补偿范围内获

得较好的透波率这一设计准则,我们选取 $W = 0.3\text{mm}$,从图中可以看出,当 W 取 0.3mm 时,所设计单元在满足 -3dB 传输幅度条件下,传输相移达到了 $360°$,并且 L_1 在 $5 \sim 10\text{mm}$ 变化范围内,单元传输相位平坦度优于 W 取 0.2mm 和 0.5mm。图 4.2(b) 所示为比例系数 K 取值不同时,单元工作在 9.5GHz 处的传输幅度和相位随“花瓣”外环长度 L_1 的变化曲线,从图中可以看出,改变内外环间的比例系数 K,将同时对传输阵单元的传输幅度和相位产生较大的影响,当 $K = 0.5$ 时,单元在 -3dB 传输幅度范围内的相移为 $340°$。当增大比例系数 K 时,传输幅度范围增大且相位变化平坦。当比例系数 K 增大为 0.72 时,传输阵单元 -3dB 传输幅度与传输相移范围不匹配。当 $K = 0.66$ 时,单元的传输幅度与相位为最佳。所以,我们选取内外环间的比例系数 $K = 0.66$。

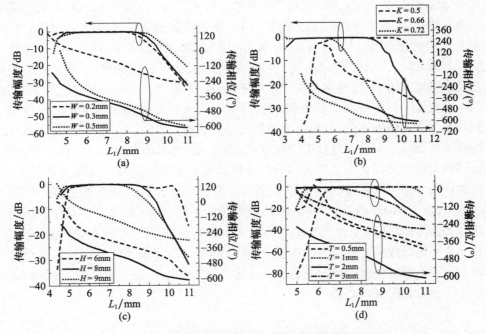

图 4.2　不同结构参数条件下的单元幅相传输曲线

(a) W 取值不同时单元的传输系数曲线;(b) K 取值不同时单元的传输系数曲线;
(c) H 取值不同时单元的传输系数曲线;(d) T 取值不同时单元的传输系数曲线。

图 4.2(c) 所示为单元工作在 9.5GHz 处相邻介质层间空气腔厚度大小对传输幅相特性的影响。从图中可以看出,随着空气腔厚度的增加,传输阵单元的幅度传输范围不断地减小,但传输相移范围不断地增加,综合考虑,选择空气腔厚度为 $H = 8\text{mm}$,此时传输阵单元的传输幅度和相位特性均为最佳。图 4.2(d) 给出了介质基板厚度取值不同时,传输阵单元工作在 9.5GHz 处的传输幅度和相

位随"花瓣"外环长度 L_1 的变化曲线。由图可见,当介质基板厚度 $T = 0.5\text{mm}$ 时,-3dB 传输幅度范围内的传输相移仅为 280°,当介质基板厚度增大为 $T = 1\text{mm}$ 时,单元的传输相移范围增大为 325°,随着单元介质层厚度进一步增加,传输幅度优于 -3dB 的范围不断减小,与此同时,传输相移范围不断增加。当介质基板厚度为 $T = 2\text{mm}$ 时,-3dB 传输幅度范围内的传输相移可以达到 360°,此时,传输阵单元的传输幅度和相移特性均达到最优。通过上面的分析,我们可以得到传输阵单元的最优结构设计参数值 $W = 0.3\text{mm}$,$K = 0.66$,$H = 8\text{mm}$,$T = 2\text{mm}$。

传输阵在进行组阵设计时,不同位置传输阵单元所接收到的来自馈源辐射能量的照射角度与极化方式各不相同,使得我们必须考虑单元在斜入射条件下,其传输幅度和相位性能同样满足设计要求。图 4.3 给出了在馈源不同照射角度与极化条件下,传输阵单元工作在 9.5GHz 处的传输幅度和相位随"花瓣"外环长度 L_1 的变化曲线。从图中可以看出,TE 波与 TM 波在不同入射角度下的传输幅度与相位的变化趋势基本一致。对于 TE 波,随着入射角度增加,单元的传输幅度范围略有增大,传输相位曲线略有平移。L_1 取值在 5.5 ~ 9mm 区间时,不同斜入射角度下传输相移的最大偏差值为 40°,而较小的传输相移偏差对传输阵列的整体设计影响不大,在可以接受的误差范围内。同时,为了进一步验证该传输阵单元设计方案具有宽频带传输特性,我们同样仿真了在不同工作频点下,传输阵单元的传输幅度和相位随"花瓣"外环长度 L_1 的变化曲线。如图 4.4 所示,传输阵单元在不同工作频点下,传输相位随单元外环长度 L_1 变化的曲线平行性较好,仅在 9.3GHz 频点处,外环长度 L_1 取值为 5.5 ~ 6mm 范围时传输相位的变化较大,而外环长度 L_1 取值为 6 ~ 10mm 范围时传输相位变化曲线与其他频点传输相位变化曲线平行性较好。所以,该传输阵单元在传输相位特性较好的范围内,单元传输幅度特性也较好,在 9.3 ~ 10.3GHz 传输相位近似平行,这基本满足了传输阵宽带设计要求。

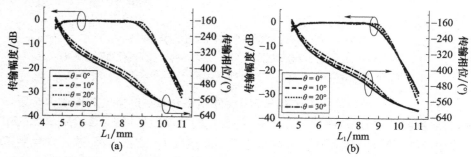

图 4.3　馈源不同照射角度下传输阵单元幅度和相位性能曲线
(a)TE 波 xoz 面;(b)TM 波 yoz 面。

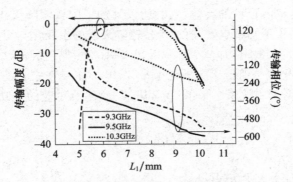

图 4.4　传输阵单元在不同频率下的幅度和相位曲线

4.2.2　传输阵天线的设计与实现

为了验证以上传输阵单元设计的有效性,我们设计了一款中心工作频率为 9.5GHz,169 个单元的传输阵天线。该天线采用方形口径分布,口径尺寸 $D = 6.17\lambda = 195\text{mm}$,选择相对介电常数 $\varepsilon_r = 2.65$、厚度 $T = 2\text{mm}$ 的介质基板,相邻介质板之间的空气层厚度 $H = 8\text{mm}$。馈源天线选择宽带角锥喇叭,在 9.5GHz 工作频点处,该喇叭天线的增益为 16.7dBi,角锥喇叭方向图可以等效为 $\cos^{19}\theta$ 函数。传输阵采用正馈方式,其焦径比 $F/D = 1$,馈源放置在阵列中心上方 195mm 处,阵列边缘的照射电平为 -9.6dB。传输阵的实物照片如图 4.5 所示,依据馈源与传输阵面上各个单元相对位置关系不同所产生的空间路径时间延迟(即相位差),我们确定了各个单元所需补偿的相移量。图 4.6 给出了传输阵天线口面相位分布,从图中可以看出,其口面相位变化较为平坦且所补偿相移量分布沿传输阵面的 x 轴和 y 轴方向对称。

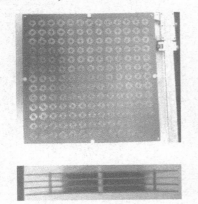

图 4.5　传输阵天线实物照片

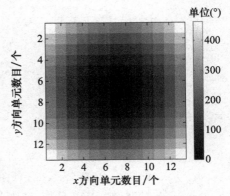

图 4.6　传输阵天线口面相位分布

为了验证传输阵设计的有效性,对所设计加工的传输阵天线进行了实验测量。图4.7给出了不同频点处,所设计传输阵天线的主极化与交叉极化方向图。从图中可以看出,在9.3GHz、9.5GHz和10.3GHz处该传输阵天线均能实现高增益辐射,交叉极化电平值低于主极化电平25dB以上。在中心工作频率9.5GHz处,副瓣电平值低于主波束电平值15.2dB,E/H面所对应的半功率波束宽度分

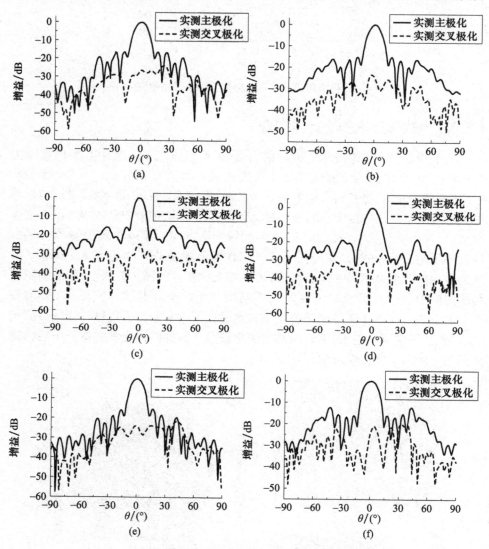

图 4.7 传输阵天线在不同频点处的实测辐射方向图

(a)E(xoz)面9.3GHz;(b)H(yoz)面9.3GHz;(c)E(xoz)面9.5GHz;
(d)H(yoz)面9.5GHz;(e)E(xoz)面10.3GHz;(f)H(yoz)面10.3GHz。

别为 8°、9°。传输阵天线的最大辐射增益在出现在 9.8GHz 工作频点处,天线的实测增益值为 22.15dBi,所对应的天线口径效率为 31%。传输阵实测最大增益工作频点 9.8GHz 相比较理论设计的中心频点 10GHz 向低频偏移了 0.2GHz,这主要归结于传输阵天线的测量和加工误差。在传输阵设计边频点 9.3GHz 和10.3GHz 处,副瓣电平值低于主波束电平值 16dB 以上,并且在两个边频点处的E 面和 H 面半功率波束宽度分别为 9°、10°和 9°、9°,方向图的一致性较好。

图 4.8 给出了 4 层传输阵天线的实测增益随频率变化的曲线。从图中可以看出,传输阵天线的 1dB 增益带宽为 10.2%(9.3 ~ 10.3GHz)。实测结果表明,该传输阵天线具有高增益辐射特性且具有相对较宽的工作频带。

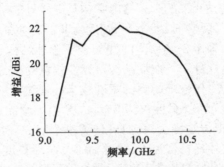

图 4.8 4 层传输阵天线的实测增益随频率变化的曲线

4.3 宽频带传输阵天线设计

在传输阵天线的设计中,常常会面临工作频带窄这一实际问题,这在一定程度上限制了传输阵天线的应用与发展。传输阵天线的频带宽度主要取决于两个方面。

(1)对于中小口径的传输阵(即传输阵口径直径 $D \leqslant 10\lambda$),传输阵天线的频带特性主要由单元本身的传输特性所决定。

(2)对于大口径传输阵(即传输阵口径直径 $D > 10\lambda$),传输阵面上各单元所产生的空间相位时延随工作频率的变化呈现出非线性变化的趋势,这使得传输阵在不同工作频点处,传输阵口径面的相位补偿差别较大,从而导致传输阵的频带宽度减小。

近年来,越来越多的科研工作者致力于中小口径传输阵的研究,他们设计并实现了多种多样宽频带传输阵单元,这些传输阵单元结构简单,传输幅度和相位特性较好,并且加工制作容易。本节采用一种较为简单的传输阵单元,设计并加工了一款 3 层结构的传输阵天线。该天线在不增加单元复杂程度的基础上,仅通过引入一个不同于上下两层的结构层,使得传输特性发生较大改变,实现了在较宽的频带范围内,传输相移曲线近乎于平行,从而实现了传输阵天线的宽带特性。

4.3.1　宽带传输阵单元的设计

所设计的传输阵单元具有 3 层金属结构,分别蚀刻在 3 块相对介电常数 $\varepsilon_r = 3.5$、厚度 $T = 1\text{mm}$ 的介质板上,层与层之间填充厚度 $H = 6\text{mm}$ 的空气腔,传输阵单元的设计模型如图 4.9 所示。从图中可以看到,上下两层介质基板上蚀刻了相同的金属结构,结构为交叉的十字缝隙,中间层不同于上下两层结构,其为两个方形环结构,这种交叉的十字缝隙结构具有较好的带通响应特性,常作为传输阵单元使用,单元的结构长度为 L_1,宽度为 W。这种单一交叉十字缝隙结构也具有一定的局限性,采用 3 层相同的交叉十字缝隙结构作为传输阵单元仅能形成单一的谐振点,而这种单一谐振结构单元在较宽的频带范围内,不同频点的传输相位平行特性较差,传输阵的频带宽度较窄。通过实验验证,3 层相同的交叉十字缝隙传输阵单元频带宽度仅为 8%,这无益于设计宽带传输阵天线。为了实现传输阵的宽频带传输特性,我们设计了一个双方环结构作为 3 层传输阵单元的中间层结构,其外环长度为 D、宽度为 W_1,内环长度为 D_1、宽度为 W_2,两个环之间缝隙宽度为 G,如图 4.9(b)所示,单元的周期 $P = 13\text{mm}$,对应于中心频率 12GHz 的自由空间波长为 0.52λ。

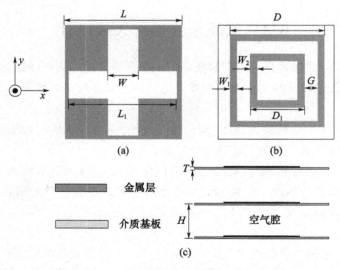

图 4.9　3 层传输阵单元结构示意图

(a)上下层单元结构图;(b)中间层单元结构图;(c)3 层单元侧视图。

采用 Ansoft HFSS 15 商业仿真软件仿真传输阵单元性能,周期性边界条件用以考虑相同单元之间的互耦效应。具体的设计参数如表 4.1 所列。详尽的单元参数分析将在下面给出。

表 4.1　单元的设计参数值

参数	数值/mm	参数	数值/mm
L	13	W_2	0.5
W	4	D_1	$D - 2 \cdot G - 2 \cdot W_1$
D	$0.785 \cdot L_1$	H	1
G	1.9	H_1	6
W_1	0.5	L_1	变量

首先我们研究传统的 3 层相同单元结构。如图 4.10(a) 所示,3 层十字缝隙单元在 -3dB 传输幅度范围内,传输相移为 $300°$。图 4.10(b) 所示为 3 层双方环形贴片单元的幅度相位传输曲线,该单元在 -3dB 传输幅度范围内,传输相移为 $305°$。图 4.10(c) 所示为采用 3 层复合结构的传输阵单元,该单元在 -3dB 传输幅度范围内,传输相移为 $345°$,该单元的传输特性要优于前两种设计,而这一结果仅通过增加了一个不同于上下两层的结构。这种 3 层复合结构单元能够

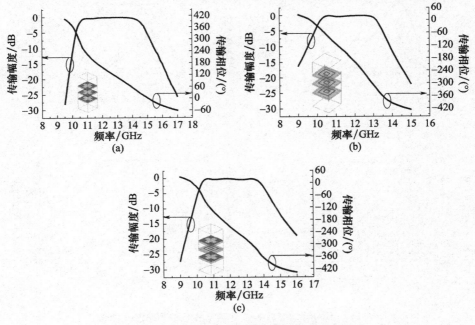

图 4.10　单元采用不同组合结构的传输特性曲线
(a)3 层十字缝隙结构;(b)3 层双方环结构;(c)3 层复合结构。

形成两个不同的谐振：一个是由上下两层交叉缝隙金属结构形成的谐振；另一个是由插入的中间层双方环形结构形成的谐振。通过合理调整单元尺寸参数，所形成的两个谐振频点可进一步拉近，这样可以实现传输阵的宽频带传输特性。此外，我们也可以推断出，通过引入不同于上下两层的中间层双方环结构，层与层之间的耦合效应也得到进一步加强。为了验证这一推断，我们对这种 3 层复合结构单元进行了详尽的参数分析。

图 4.11（a）给出单元的结构长度 L_1 取值不同时，单元的传输幅度和相位随频率变化的曲线。从图中可以看出，通带中心频率随着 L_1 尺寸的增大而减小，而通带大小基本不变，这表明改变 L_1 尺寸大小将会形成所需的传输相移控制。图 4.11（b）所示为比例系数 K 取不同值时，单元的传输幅度和相位随频率变化的曲线，此处 $K = D/L_1$。从图中可以得出，改变比例系数 K 将对传输幅度和相位造成很大的影响，并且传输幅度随着比例系数的增大呈现出不规律变化趋势。综合图中结果分析，我们选择最佳的比例系数 $K = 0.785$，此时传输幅度与相位特性达到了最佳。图 4.11（c）给出了介质厚度取不同值时，单元的传输幅度和相位随着频率变化的曲线。从图中可以看出，介质层厚度的改变对传输幅度与传输相位影响较小，考虑到方便加工与测量，我们选择介质厚度 $H = 1\text{mm}$。

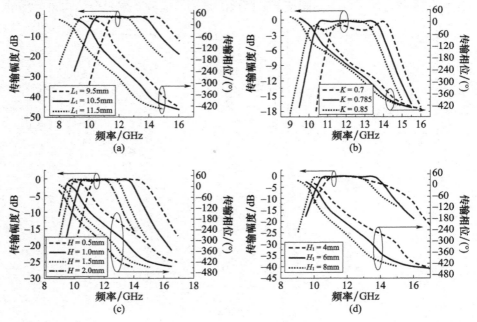

图 4.11　不同结构参数条件下单元的幅相频率响应曲线

（a）L_1 不同时单元的幅相频率响应；（b）K 不同时单元的幅相频率响应；

（c）H 不同时单元的幅相频率响应；（d）H_1 不同时单元的幅相频率响应。

图 4.11(d)给出了空气腔厚度取不同值时,传输幅度与相位随着频率变化的曲线。由图可知,改变空气腔厚度的大小将对传输性能产生较大的影响,当厚度尺寸 $H_1 = 6$ mm 时,传输幅度与相位性能为最佳,所以我们选择 $H_1 = 6$ mm。

图 4.12 给出了传输阵单元在不同频率下,传输系数随 L_1 尺寸的变化曲线。从图中可以看出,单元的传输相移曲线在较宽的频带范围内近乎于平行,并且其相应的传输幅度也是可以接受的。在 12GHz 频点处,传输阵单元在 -3dB 传输幅度范围内的传输相移达到 345°,而在 -3.7dB 传输幅度范围内的传输相移达到了 360°。同样地,斜入射性能对传输阵天线的带宽也有较大的影响,在设计单元时,往往要考虑不同入射角度与极化条件下,单元的传输幅度相位性能。图 4.13 给出了 TM 与 TE 入射波在不同频率和不同入射角度下,单元传输幅度与传输相位随 L_1 尺寸的变化曲线。如图 4.13(a)和(b)所示,在 11.5GHz 和 12GHz 处,随着入射角度不断增大,单元传输幅度与相位的改变量很小,这表明在 11.5GHz 和 12GHz 频点处,斜入射角度的增大不会影响到单元的传输性能,从而不会影响传输阵天线的带宽。随着频率的增加,在 13.5GHz 工作频点处,传输幅度和相位在入射角度不超过 30°的情况下仍然能保持较好的一致性。当入射角度大于 30°时,TE 极化波的传输幅度在 9mm $< L_1 < 10$mm 取值范围内发生了恶化,考虑到阵列排布时,大角度入射单元较少,这一恶化是可以接受的。总体而言,该单元的斜入射性能较好,对实现传输阵宽带性能影响不大。

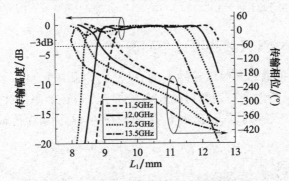

图 4.12　单元在不同频率下的相移曲线

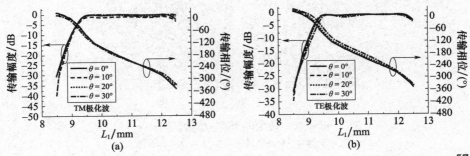

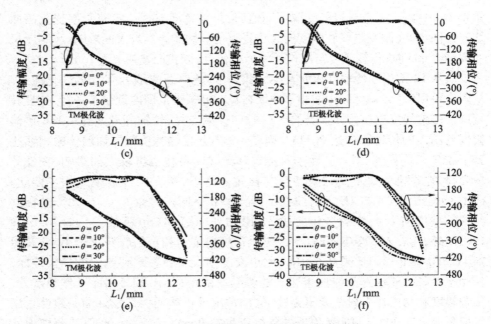

图 4.13　不同照射角度下单元幅相性能曲线

（a）TM 入射极化波且单元工作在 11.5GHz；（b）TE 入射极化波且单元工作在 11.5GHz；

（c）TM 入射极化波且单元工作在 12GHz；（d）TE 入射极化波且单元工作在 12GHz；

（e）TM 入射极化波且单元工作在 13.5GHz；（f）TE 入射极化波且单元工作在 13.5GHz。

4.3.2　宽带传输阵天线的设计与实现

基于以上对传输阵天线单元性能的分析，我们设计并制作了一款 233 个单元的传输阵天线，考虑到阵列圆口径效率略高于方口径效率，我们设计采用直径为 221mm 的圆口径阵列，焦径比为 $F/D = 1$。图 4.14 所示为传输阵天线的实物

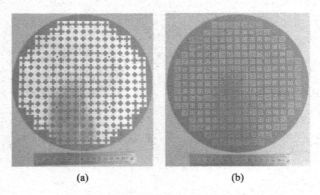

（a）　　　　　　　　　　　　　（b）

图 4.14　传输阵天线实物加工照片

（a）上层与下层结构单元；（b）中间层结构单元。

加工图。传输阵的介质基板选择相对介电常数 $\varepsilon_r = 2.65$，厚度 $T = 1\text{mm}$，相邻介质基板之间空气层厚度 $H = 6\text{mm}$。

　　为了验证所设计的传输阵面宽带特性，我们选择宽带角锥喇叭作为馈源天线，其口径尺寸为 $84\text{mm} \times 60\text{mm}$。如图 4.15 所示，喇叭馈源的工作频带为 $8.9 \sim 15.4\text{GHz}$，可以覆盖传输阵天线所需频带。如图 4.16 所示，角锥喇叭天线在 $10.1 \sim 14\text{GHz}$ 频带范围内其 E 面与 H 面方向图 -10dB 波束宽度的差别是可以接受的。在 12GHz 工作频点处，角锥喇叭的增益为 17.1dBi，它的 E 面和 H 面方向图 -10dB 波束宽度分别为 $\pm 26.4°$ 和 $\pm 26.1°$。考虑到所选择馈源方向图 -10dB 波束宽度范围，我们选择焦径比 $F/D = 1$。馈源的仿真溢出效率为 71%，其方向图可用 $\cos^{21}\theta$ 来近似。此外，在最大辐射方向上馈源的交叉极化电平比主极化电平低 29dB。基于各单元空间路径时延不同，我们计算出单元所需补偿的相位值，并根据图 4.12 所示曲线选择其合适的尺寸，传输阵口径面上相位分布如图 4.17 所示。

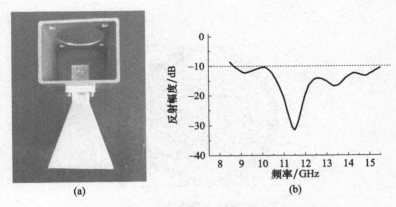

图 4.15　宽带角锥喇叭实物图及仿真结果图
(a)实物照片；(b)喇叭馈源工作频带特性曲线图。

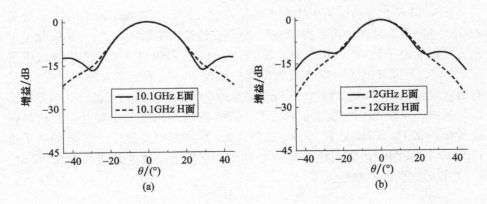

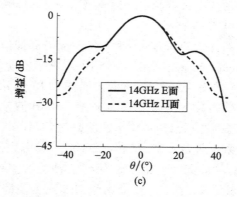

图 4.16　角锥喇叭在不同频点处 E 面与 H 面辐射方向图
（a）角锥喇叭在 10.1GHz 频点仿真图；（b）角锥喇叭在 12GHz 频点仿真图；
（c）角锥喇叭在 14GHz 频点仿真图。

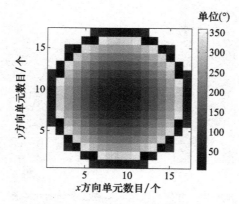

图 4.17　传输阵天线口面相移分布

　　图 4.18 给出了传输阵天线在不同频点（11.5GHz、12.4GHz、13.6GHz）处的归一化方向图。从图中可以看出，在 3 个频点的最大辐射方向上，交叉极化电平值比主极化电平值低 30dB 以上。在 12.4GHz 处，副瓣电平值低于主波束电平值 15.8dB，E 面和 H 面半功率波束宽度分别为 7°、8°，波束集束效果良好，并且有最大增益值 25.8dBi，对应的天线辐射效率为 46.5%，最大增益出现频点相比设计的中心频率 12GHz 向上偏移了 0.4GHz，这可能是由加工误差以及测量误差所致。在 11.5GHz 与 13.6GHz 边频点处，其副瓣电平值低于主波束电平值 17dB 以上，在两个边频点处的 E 面和 H 面半功率波束宽度分别为 8°、8°和 8°、7°，并且方向图的一致性较好。

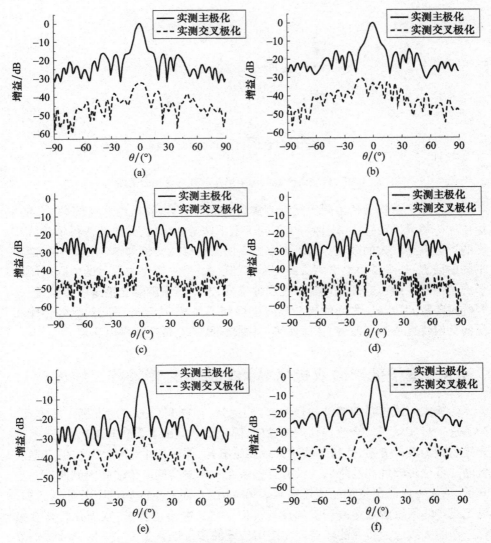

图 4.18　传输阵天线在不同频点处的实测归一化辐射方向图

(a) E(*xoz*)面 11.5GHz；(b) H(*yoz*)面 11.5GHz；(c) E(*xoz*)面 12.4GHz；
(d) H(*yoz*)面 12.4GHz；(e) E(*xoz*)面 13.6GHz；(f) H(*yoz*)面 13.6GHz。

　　为了衡量所设计传输阵天线的带宽性能，我们给出了其增益随频率变化的曲线图。图 4.19 所示为传输阵天线的测量增益随频率变化的曲线。从图中可以看出，其测量的 1dB 增益带宽为 16.8%（11.5～13.6GHz），其测量的最大增益值为在 12.4GHz 处时的 25.8dBi，对应的传输阵天线效率值为 46.5%，相比于其他传输阵天线，本节所设计的传输阵天线具有最宽的 1dB 增益带宽。

61

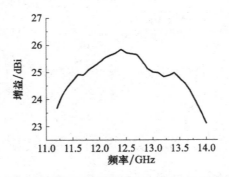

图 4.19　传输阵天线的测量增益随频率变化的曲线

　　通过以上分析及传输阵天线组阵实验验证,我们可以得出这样的结论,在 3 层传输阵单元的设计中,增加一个不同于上下两层的结构,这样会使得传输阵单元的性能发生较大的改变。这种新颖的 3 层复合结构传输阵单元将会形成两个不同的谐振:一个是由上下两层结构形成的谐振;另一个是由插入的中间层结构形成的谐振。通过合理地调整单元尺寸参数,两个谐振频点会被进一步拉近,这样传输阵单元层与层之间的耦合效应也得到了提升,传输阵不同频点处传输相位的补偿特性得到了改善,从而使得传输阵天线的宽带性能得以实现。

4.4　基于低剖面双极化单元的圆极化传输阵天线设计

　　传输阵天线正在朝着结构轻便、性能优异、功能齐全的方向发展。一方面,为了进一步实现更加轻便且高效的性能,部分学者提出了无介质基板、无空气填充等新颖的设计方案,使得传输阵天线质量减轻,体积减小,更加轻便,但会造成传输阵部分传输性能的降低。没有空气填充的方案会使得传输阵的剖面进一步降低,从而可以满足特殊的使用需求。另一方面,面对空间频谱资源日益紧缺,对无线传输系统收发终端设备的设计提出了越来越多的要求,双极化乃至多极化工作的天线成为研究的热点。在使用传统的多层堆叠变尺寸方法设计传输阵单元时,单元在水平和垂直两个维度上的结构尺寸相互关联,难以独立调整,这样使得传输阵多极化性能难以实现,而采用单元旋转法又仅能获得与入射波极化反旋向的圆极化波,这种方法对入射馈源要求苛刻。本节的研究重点是,设计一种低剖面的传输阵单元,这种单元在 x 和 y 两个维度方向上极化独立可调。同时,为了验证该单元设计的有效性,采用了线极化喇叭天线作为馈源天线,通过合理调整喇叭天线与传输阵面的空间相对位置,可以实现传输阵天线圆极化波的出射,从而实现双极化传输阵天线的设计。

4.4.1　低剖面双极化单元的设计

在传输阵天线的设计中,仅使用单层印制单元难以实现 360°的传输相移,这就需要使用多层堆叠方法以扩展传输相移。在本节的研究设计中,双极化、低剖面以及 360°的传输相移的传输阵单元是我们的设计目标。传输阵单元的结构示意图及等效电路图如图 4.20 所示。所设计的传输阵单元由 3 个金属层"包夹"着两个介质基板组成,所选介质基板的型号为 Rogers RO4003,相对介电常数为 3.55,基板厚度为 0.5mm。单元的周期为 9.6mm,其中心频率为 10GHz,单元周期对应的自由空间波长为 0.32λ。传输阵单元采用 HFSS 全波仿真软件进行设计仿真,相同单元之间的互耦效应采用周期性边界条件进行模拟仿真。下面针对如何设计双极化低剖面的传输阵单元进行详细讨论,并给出传输阵单元的等效 LC 电路模型。

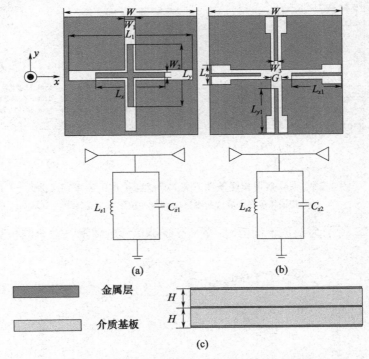

图 4.20　双极化传输阵单元结构示意图及等效电路图
(a)上下层结构;(b)中间层结构;(c)3 层结构侧视图。

首先,为了满足双极化的设计需求,我们设计了一个单层的交叉形缝隙结构,它是在一个交叉的缝隙槽间蚀刻了一个交叉的十字条带,如图 4.20(a)所示。L_x 和 L_y 分别表示 x 轴、y 轴方向条带的长度。图 4.21 给出了交叉型缝隙结

构在 $L_y = 3\text{mm}$ 时,改变单元 L_x 尺寸长度,传输幅度和传输相位的频率响应曲线。从图中可以看出,当 L_x 从 5mm 变化到 6.5mm 时,TE 波的传输幅度与相位改变很小,而 TM 波的传输幅度与相位变化较大,这表明,TM 波传输幅度与相位可随 L_x 尺寸的变化而变化,而对 TE 波的传输幅度与相位几乎没有影响,这也实现了两个维度极化独立可调。此外,传输幅度与相位的频率响应特性可以用等效电路模型的方法进行分析研究。在电路模型中,条带与入射波电场极化方向平行可等效为一个电感,条带与入射波电场极化方向垂直可等效为一个电容。如图 4.20(a) 所示,沿 x 轴方向上条带 L_x 与入射波电场极化方向平行可被等效为电感,而沿 y 轴方向上的缝隙与入射波电场极化方向垂直,等效为电容。因此,交叉型的缝隙结构可被等效为一个并联形式的 LC 电路模型。下面应用 ADS 电路仿真软件对单元的结构参数进行分析对比。

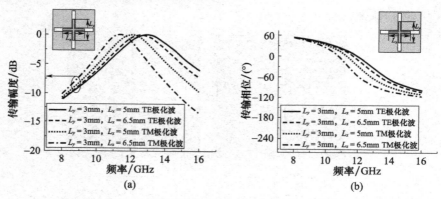

图 4.21　不同条带长度条件下交叉型缝隙结构的频率响应曲线

(a)传输幅度频率响应曲线;(b)传输相位频率响应曲线。

图 4.22 所示为 L_x 取不同值时,交叉形缝隙单元的传输系数全波仿真与 ADS

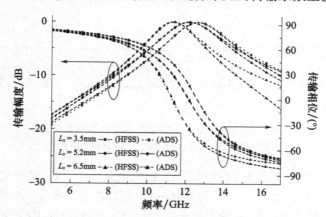

图 4.22　不同 L_x 尺寸下传输系数全波仿真与 ADS 电路仿真对比图

电路仿真的对比图。从图中可以看出,通过改变 L_x 与 L_y 条带长度可以很好地调控传输幅度与相位,通带中心频率随着 L_x 的增加而减小,而传输相位曲线近乎于平移,HFSS 全波仿真结果与 ADS 电路仿真结果基本吻合。

通过以上分析可知,交叉形的缝隙单元可以提供较好的双极化性能,但是单层结构难以提供 360° 相移,一个行之有效的方法是通过堆叠方法增加传输相移。我们的设计目标是获得低剖面的双极化单元,使用较少的层数来实现较好的性能。在这里,我们设计了一个 T 形槽单元,这种结构单元可以引入一个新的谐振点来提升传输阵单元性能。

T 形槽单元的模型图如图 4.20(b) 所示。其沿 x/y 轴方向蚀刻了 4 个 T 形的槽,T 形的槽等效为电容,其宽度 G 用以控制谐振频率和改变耦合效应。如图 4.23(a) 所示,通带中心频率随着宽度 G 的增加而增加。图 4.23(b) 所示为 T 形槽单元传输系数随尺寸 L_{x1} 变化的频率响应曲线,当 L_{x1} 尺寸增加时,传输通带相应地增大,而传输相移曲线的斜率减小,条带 L_{x1} 等效为电感。T 形槽等效的电容与条带 L_{x1} 等效的电感形成了一个附加的并联谐振电路。实际上,条带 L_{x1} 对 3 层结构单元有较大的影响。

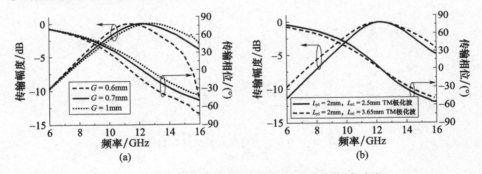

图 4.23 不同尺寸参数下 T 形槽单元的幅相频率响应

(a)不同 G 尺寸下单元的幅相频率响应;(b)不同 L_{x1} 尺寸下单元的幅相频率响应。

基于以上两个单层结构单元的分析研究,我们提出了一个由 3 层金属贴片蚀刻在两层介质板上的复合结构单元,如图 4.20 所示,其中上下金属层为交叉形缝隙结构,中间金属层为 T 形槽结构。对于所设计的 3 层结构,L_x 和 L_y 方向上两个极化波独立可调。通过引入中间层 T 形槽结构,能够形成一个新的谐振点,同时增强了层与层之间的耦合,使得低剖面得以形成。通过大量的实验仿真,我们得到了最佳的 $L_{x1}(L_{y1})$ 与 $L_x(L_y)$ 比例系数关系,此时形成了较好的单元传输性能,并且 x 方向上等效电容电感值不受 y 方向尺寸变化的影响,反之亦然。单元的设计参数值如表 4.2 所列。

表 4.2 双极化单元的设计参数值

参数	数值/mm	参数	数值/mm
W_1	0.4	G	0.7
W_2	0.2	L_x	变量
L_1	9	L_y	变量
L_n	1.6	L_{x1}	$2.9 + 0.15 \cdot L_x$
W_3	0.3	L_{y1}	$2.9 + 0.15 \cdot L_y$
W	9.6	H	0.5

图 4.24 给出了 L_x 取不同值时,3 层复合结构单元的传输幅度和相位随频率变化的曲线。从图中可以看出,通带频率随着 L_x 尺寸的增加而减小,而传输相位曲线向左偏移。图 4.25 给出了不同参数条件下,单元在 10GHz 频点处,其传输系数随 L_y 变化的曲线图。从图 4.25(a)可以看出,-3dB 传输幅度范围内传输相移达到了 353°,当 L_x 在 4 ~ 7mm 变化时,传输幅度与传输相移的偏差分别不超过 0.1dB 和 10°。图 4.25(b)同样表明,在相同的入射角度情况下,传输幅度与传输相移的变化很小,这说明所设计的复合结构单元具有很好的双线极化隔离性能。

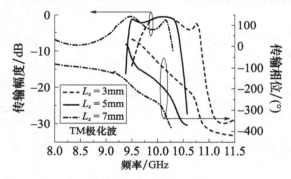

图 4.24 不同 L_x 尺寸下传输阵单元的幅度和相位频率响应曲线

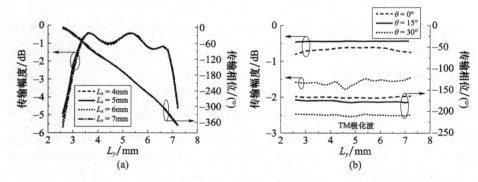

图 4.25 不同参数条件下单元传输系数随 L_y 变化曲线图

(a)不同 L_x 条件下单元传输系数变化;(b)不同入射角度下单元传输系数变化。

考虑到复合结构可能会对单元的斜入射性能造成影响,我们同样给出该传输阵单元的斜入射幅度相位曲线图。如图 4.26 所示,TM 波与 TE 波在 0°~30° 入射角度范围内的传输幅度相位变化趋势基本一致,但对于 TE 波,随着斜入射角度的增加,单元的传输幅度范围略有缩小,并且传输相位曲线有平移,不同斜入射角度下相移的最大偏差为 70°。考虑到低剖面双极化性能是单元的主要设计目标,这种偏差是可以接受的。

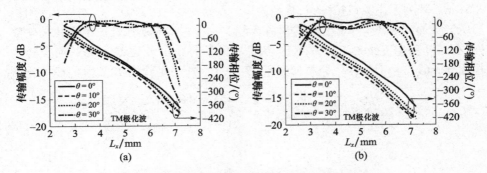

图 4.26　不同照射角度下单元传输幅度和相位曲线
(a)xOz 平面;(b)yOz 平面。

4.4.2　圆极化传输阵天线的设计与实现

在设计圆极化传输阵天线之前,首先介绍极化转换原理。传输阵天线的极化转换功能是通过单元在两个维度上传输相位的独立控制以形成一个固定的差值关系,并合理调整馈源与传输阵面的相对角度以实现相应的极化转换需求。具体如下:假定传输阵面上第 m 个单元沿 x、y 方向上的传输系数分别为 $T_x \angle \phi_x$ 和 $T_y \angle \phi_y$,空间路径时延所需补偿的相位为 α_m,考虑到传输阵单元透射性能较好,$T_x = T_y = 1$,单元在两个维度上传输相位可独立调整,改变 L_x 与 L_y 长度满足所需补偿相位值 α_m 并使得两个维度上形成相位差 $\varphi = \phi_x - \phi_y$,馈源入射波朝 $-z$ 方向传播,极化波方向与传输阵面单元 y 轴成 45°夹角,如图 4.27 所示。第一种情况,所形成的相位差 $\varphi = \phi_x - \phi_y = \pm 90°$,此时传输幅度相等,$x$ 方向的传输相位超前或滞后 y 方向传输相位 90°,根据矢量合成理论,所合成极化波为左旋或右旋圆极化波。第二种情况,所形成的相位差为任意值 $\varphi = \phi_x - \phi_y$,考虑到传输幅度相等,当 $\varphi = \phi_x - \phi_y = \pm 180°$时,形

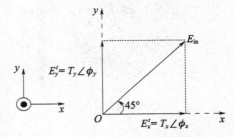

图 4.27　极化转换原理图

成的出射波为线极化波且与入射波极化方向相反,当 φ 为任意值时,所形成出射波为椭圆极化波。

通过使用所设计的 3 层传输阵单元,我们设计了一款圆极化传输阵天线,该天线利用极化转换原理将斜 45° 入射的线极化波转换成为圆极化波。所设计传输阵天线工作在 10GHz,单元周期选取为 9.6mm,对应的自由空间波长为 0.32λ,介质基板型号为 Rogers RO4003,其相对介电常数为 3.55,基板厚度为 0.5mm。阵列采用圆口径分布,直径为 201.6mm,焦径比 $F/D=1$。图 4.28 给出了所设计加工的 341 个单元的传输阵天线实物图。对于所设计的圆极化传输阵列,在相互垂直正交的两个方向上,每个单元所补偿的相位差为 90°,所设计的传输阵天线口径面的相位分布如图 4.29 所示。选用工作在 X 波段的线极化喇

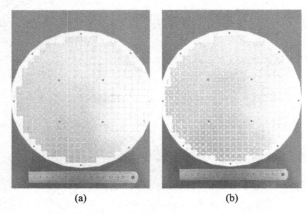

(a)　　　　　　　　　　(b)

图 4.28　341 个单元的传输阵天线实物图

(a)上层和下层传输阵结构实物图;(b)中间层传输阵结构实物图。

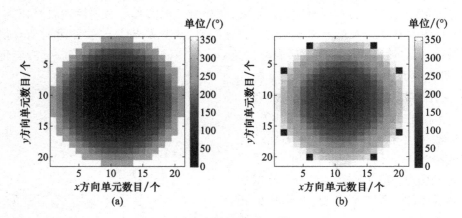

图 4.29　传输阵天线的口径面相位分布图

(a)馈源 x 极化波入射;(b)馈源 y 极化波入射。

叭天线作为传输阵的馈源,喇叭天线的 E 面和 H 面方向图一致性良好,其 E 面和 H 面 −10dB 波束宽度分别为 ±27.2°和 ±26.3°。仿真的传输阵在 10GHz 处的溢出效率为 59%,喇叭天线方向图可用 $\cos^{20}\theta$ 来近似,在最大辐射方向上交叉极化电平为 −35dB。传输阵使用 Ansoft HFSS 15 进行仿真,并在微波暗室进行测量。图 4.30 给出了传输阵天线的测量环境设置。

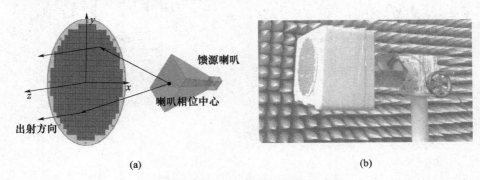

(a)　　　　　　　　　　　　　　　　　　　　(b)

图 4.30　传输阵天线的测量环境
(a)传输阵天线设置示意图;(b)测试环境设置。

图 4.31 给出了在不同频率下,传输阵天线实测的左旋和右旋圆极化归一化方向图。从图中可以看出,在 9.7GHz、10GHz 和 10.1GHz 3 个频点的最大辐射方向上,右旋圆极化电平值比左旋圆极化电平值低 15dB 以上,其对应的轴比低于 −3dB。在 10GHz 处,其测量的 E 面和 H 面半功率波束宽度分别为 12°、13°,副瓣电平值低于主波束电平值 15.3dB,并且具有测量最大增益值 21.9dBi,其对应的天线辐射效率约为 36%。在 9.7GHz 与 10.1GHz 边频点处,其副瓣电平值低于主波束电平值 17dB 以上,在两个边频点处的 E/H 面半功率波束宽度分别为 13°、13°和 13°、12°,并且方向图的一致性较好。图 4.32 给出了在最大辐射方向上传输阵天线的增益与轴比随频率变化的曲线图。从图中可以看出,所设计的圆极化传输阵天线的 3dB 轴比带宽为 3.5%(9.8 ~ 10.15GHz),其对应的 1dB 增益带宽为 4%(9.7 ~ 10.1GHz)。所设计圆极化传输阵天线的工作带宽较窄,主要原因是阵列的剖面很低,层与层之间未使用空气腔,3 层之间的耦合增强,虽然低剖面得以实现,但也会造成辐射性能的降低,同时考虑到阵面幅度锥削及馈源能量的漏射、尺寸选择误差、阵列加工误差以及测量误差等原因也会使得传输阵天线工作带宽变窄。总体而言,该传输阵天线满足了低剖面双极化的设计要求,并在一定频带范围内具有较好的线圆极化转换特性。

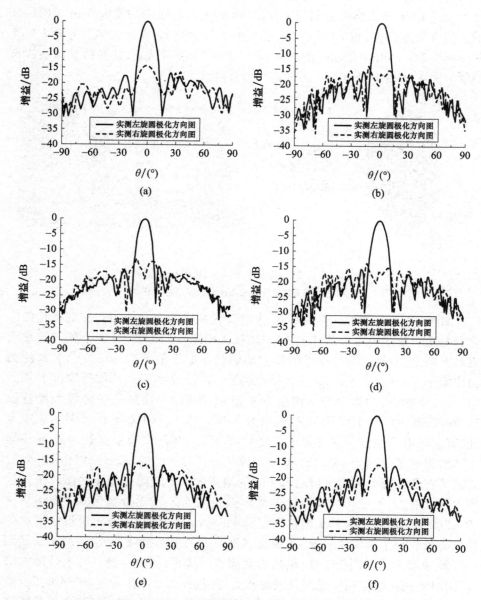

图 4.31　传输阵天线在不同频点处的左旋和右旋圆极化辐射方向图

(a) E(xOz)面 9.7GHz；(b) H(yOz)面 9.7GHz；(c) E(xOz)面 10GHz；
(d) H(yOz)面 10GHz；(e) E(xOz)面 10.1GHz；(f) H(yOz)面 10.1GHz。

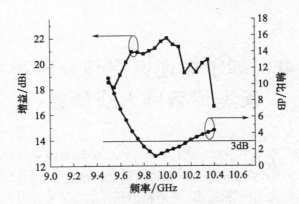

图 4.32　传输阵天线的增益与轴比随频率变化曲线图

4.5　本章小结

　　本章对宽频带及低剖面双极化传输阵单元进行了研究。首先,提出了一种4 层双花瓣结构传输阵单元,在对单元的结构参数进行优化后,获得了幅度和相位传输性能较好的传输阵单元。经实验验证,该天线可实现一定频带内的高增益辐射性能。其次,设计了一种 3 层复合结构传输阵单元,通过引入一个不同于上下两层的结构层,可改变传统 3 层单元结构的耦合情况,增加了一个新的谐振,新谐振的引入使得单元的传输特性发生改变,经实验验证该天线可实现16.8% 的 1dB 增益带宽。最后,提出了一种超低剖面双极化传输阵单元,这种单元结构无空气腔填充,中间层结构与上下两层结构不同,从而可以引入一个新的谐振,通过对 3 层传输阵单元结构参数进行合理的设计,获得了两个极化方向上隔离性能较好的传输阵单元,而后采用线圆极化转换实验验证了该设计的合理性。

第5章 基于周期性交替介质排布的新型传输阵天线研究

周期性交替介质排布是指在周期性结构中,单元结构采用两种或两种以上的介质基板作为衬底,通过调整介质基板相对介电常数及金属结构尺寸参数,从而实现对电磁波的高效调控作用。本章将研究周期性交替介质排布的传输阵单元及其阵列。首先,提出一种双方环形周期性介质排布的传输阵单元,采用周期性介质排布设计,能够在传输阵单元上形成多个谐振模式,多个谐振的相互作用使得传输阵单元传输特性发生了改变,从而形成单元高透波及较大相移调控范围,通过组阵设计,实现双层传输阵天线。其次,提出一种方环和贴片组合型的周期性介质排布传输阵单元,通过对单元结构参数进行优化,获得了高透波及较大相移调控范围的性能,随后利用该单元进行组阵设计,实现了双层高口径效率的传输阵天线。以上周期性介质排布新型传输阵天线的设计与研究不仅丰富了传输阵天线在高增益天线领域的应用研究,同时为小型化、低剖面远程无线通信系统提供了切实可行的天线设计方案。

5.1 引 言

小型化、轻量化一直以来都是天线领域的热门话题,因此,降低天线轮廓高度和减小体积尺寸是传输阵天线的重要研究方向。研究表明,无论传输阵采用何种单元形式,单层传输阵单元在传输幅度大于 -3dB 的条件下,其传输相位变化范围不超过 $90°$[112]。目前的传输阵天线设计,常用增加谐振的方法来获得传输阵口面相位的补偿,而采用多层 FSS 堆叠法和接收再辐射法设计的传输阵天线层数多、体积大。为此,科研人员利用腔模谐振设计了 Fabry – Perot 谐振器天线,多折叠传输阵天线,从而进一步降低了天线的剖面高度。低剖面传输阵天线的研究,分为两种设计思路。

(1)降低传输阵天线整体剖面的设计。传输阵天线的剖面由馈源天线尺寸、馈源天线到传输阵面的距离及传输阵面三部分组成。从早期的双反射面天线,到折叠型传输阵天线,直至改进型的 Fabry – Perot 谐振器天线,剖面高度不断降低。近年来,研究人员通过将人工磁导体技术和多重射线追踪法相结合,设计了折叠型的传输阵天线,同时将馈源天线进行优化设计,实现了传输阵天线整体剖面的降低,另有采用 Fabry – Perot 谐振器盖板和介质基板间形成的腔模谐振,进一步降低剖面设计的谐振器天线。降低传输阵天线整体剖面是目前最直观和有效的低剖面设计方法,其最突出的优点是能够很大程度上减少空间占用体积,但传输阵面轮廓高度并没有得到缩减,在传输阵天线的实际加工制作中,多层阵面装配调试是一个难题,并且多层的阵面仍然占据较大体积,而减少传输阵面的层数也显得非常必要,这也衍生出第二种低剖面设计思路。

(2)减少传输阵面层数的低剖面传输阵天线设计。传输阵天线的设计关键点是要同时满足幅度传输良好和较大相移补偿范围。研究人员通过将 FSS 结构进行堆叠,可以在一定频带范围内获得较大相移叠加效果,通过多层相同 FSS 结构堆叠,传输相移范围得到了拓展,这种堆叠技术不仅能够展宽频带并且可以应用到低剖面传输阵天线的设计中。

以上两种设计方案仍然无法增大传输阵单元传输相移调控范围,因此,目前传输阵天线的设计仍是在传输阵带宽、口径效率、剖面高度、设计复杂度之间综合平衡,这将极大地限制传输阵天线的应用范围。本章将针对增大传输阵单元传输幅度和相移调控范围等问题展开研究。

5.2　基于周期性介质排布的低剖面双层传输阵天线设计

传输阵天线实现诸如宽频带、高效率、双极化、低剖面、波束可控等性能的前提,仍然要满足传输阵两个设计关键点:传输幅度良好;传输相移可控范围360°。目前采用传统频率选择表面技术设计的传输阵单元,其单层传输阵单元在 –3dB 的传输幅度跌落范围内,传输相位变化范围不超过 90°。本节的研究重点是采用周期性介质排布技术方案,设计一种双方环形传输阵单元,在对该复合结构单元的结构参数、介电常数等进行优化选择后,实现一款双层低剖面的传输阵天线,仿真与测量结果表明基于周期性介质排布的双层传输阵天线具有高增益辐射特性。

5.2.1　基于周期性介质排布的双方环形传输阵单元设计

在传统的传输阵单元设计中,常用在单一介质基板上蚀刻金属贴片的方法设计具有较高传输幅度及相移调控能力的传输阵单元,为了获得 360°相移补偿范围的传输阵单元,需要将多层传输阵结构进行堆叠设计,从而增大传输阵单元相移调控能力,但这样会导致传输阵体积增大,质量增加。在本节的研究中,采用周期性介质排布传输阵单元设计方法,该方法采用两种或两种以上的介质基板作为传输阵单元的衬底,通过调整介质基板相对介电常数及金属结构尺寸参数,能够在传输阵单元上形成多种谐振模式,多种谐振模式的相互作用可进一步实现传输阵单元对电磁波的高效调控,增大传输阵单元传输幅度及相移调控能力,从而可以设计实现低剖面高效能传输阵天线,减少传输阵天线体积及质量。

基于以上设计方法,我们设计了如图5.1所示的双方环形传输阵单元,该单元具有两层金属结构,每一层金属结构采用双方环形金属贴片蚀刻在复合介质基板上。复合介质基板由两种不同介质材料拼接而成,其中一种材料选为 Arlon AD1000,相对介电常数 $\varepsilon_1 = 10.2$;介质基板的损耗角正切 $\tan\delta_1 = 0.002$;另一种材料选为 Rogers 5880(tm),相对介电常数 $\varepsilon_2 = 2.2$,介质基板的损耗角正切 $\tan\delta_2 = 0.0027$,介质基板厚度选为 2.5mm。传输阵单元的中心工作频率为 12GHz,单元栅格排布周期 $P = 13$mm,约为 0.52λ(λ 为中心频率对应的自由空间波长)。从图5.1中可以看出,单层复合介质基板两侧蚀刻了相同的双方环形金属结构,双方环的外环长度为 D、宽度为 W_2,内环长度为 D_1、宽度为 W_1,两个环之间缝隙宽度为 G,通过调节复合介质基板相对介电常数及贴片结构尺寸参数,能够在传输阵单元上形成两种谐振模式,两种谐振模式的共同作用,能够实现传输阵单元对电磁波的高效调控。

采用 Ansoft HFSS 15 电磁仿真软件建立该复合结构传输阵单元仿真模型,其中,无限大周期排布中相邻传输阵单元之间的互耦情况可以用周期性边界条件及矢量 Floquet 模进行分析。具体的设计参数如表5.1所列,单元参数分析将在下面给出。

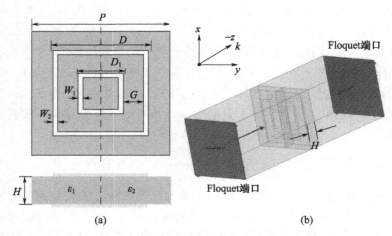

(a)   (b)

图5.1　周期性复合结构传输阵单元结构及仿真模型图
(a)结构主视图;(b)HFSS 模型自由视图。

表 5.1　单元的设计参数值

参数	数值/mm	参数	数值
P	13	W_2	0.45mm
G	1.9	ε_1	10.2
H	2.5	ε_2	2.2
D_1	$D - 2 \times W_2 - 2 \times G$	D	变量
W_1	0.5		

在分析复合介质基板对传输阵单元传输特性影响之前,我们首先分析研究了以传统单介质基板为衬底的双层传输阵单元在不同相对介电常数条件下,单元的传输响应变化情况。图 5.2 给出了单一介质材料传输阵单元在不同相对介电常数条件下,单元的传输幅度和传输相位变化曲线,从图 5.2(a)和(b)中可以

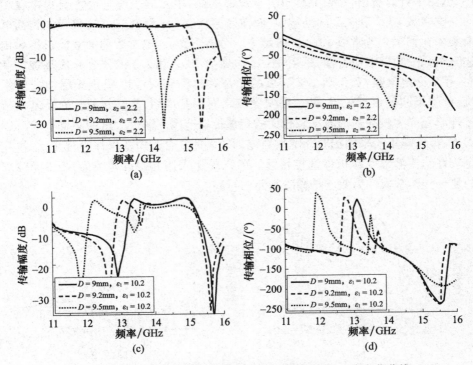

图 5.2　单一介质材料的双方环结构单元传输幅度、相位变化曲线

(a)相对介电常数 2.2 传输幅度响应曲线;(b)相对介电常数 2.2 传输相位响应曲线;
(c)相对介电常数 10.2 传输幅度响应曲线;(d)相对介电常数 10.2 传输相位响应曲线。

看出,相对介电常数为 2.2 的单一介质基板,其传输阵单元在传输幅度大于 −3dB 的前提条件下,单元传输相移范围仅能达到 170°,传输通带范围 11 ~ 14GHz,随着双方环尺寸 D 的增加,单元传输通带向着低频方向偏移,此时,传输通带范围并没有增加。随后改变单元介质基板的相对介电常数,传输通带范围没有明显增加,如图 5.2(c)和(d)所示。这说明传统单一介质材料的传输阵单元无法通过调整介质基板相对介电常数改善传输响应。

随后,我们对周期性介质排布双层传输阵单元传输特性进行分析。图 5.3 给出了分别采用单介质基板和复合介质基板的双层传输阵单元传输响应曲线。从图中可以看出,采用复合介质基板的传输阵单元能够在 8.5GHz 和 12GHz 处形成两个传输极值点,并且在两个传输极值点处对应的传输相移分别为 0° 和 −180°,这表明复合结构传输阵单元在 8.5GHz 和 12GHz 处发生了谐振,由于两个谐振频点的相互作用,使得该传输阵单元在传输幅度较高的条件下具有较大的传输相移调控范围。图 5.4 给出了周期性介质排布传输阵单元表面电流分布图,从图中可以看出,在谐振频点 f_1 = 12GHz 处,单元的表面电流主要集中在相对介电常数 10.2 和 2.2 的区域中,而在谐振频点 f_2 = 8.5GHz 处,单元的表面电流集中在相对介电常数 10.2 的区域中。分析可知,介电常数的加载能够影响传输阵单元的频率响应特性,采用相对介电常数 10.2 和 2.2 的复合介质基板加载时,相对介电常数 10.2 和 2.2 区域的贴片结构受到对应区域介质层加载的影响,产生不同的谐振效果,两个谐振频点之间相互作用,能够使复合介质基板传输阵单元产生较高的透波率和较大的相移传输范围。通过大量的仿真实验可以得出,传输阵单元采用相对介电常数差别较大的复合介质基板作为衬底,能够获得较好的传输幅度和相移调控特性。最终确定采用相对介电常数 10.2 和 2.2 的复合介质基板作为双层传输阵单元的衬底。

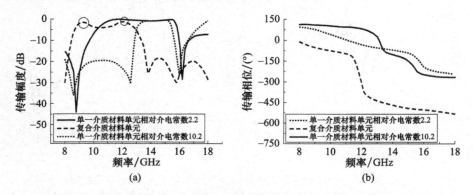

图 5.3　单介质基板和复合介质基板双层传输阵单元传输响应曲线图
(a)传输幅度曲线;(b)传输相位曲线。

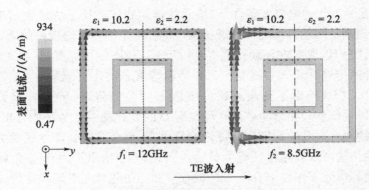

图 5.4　双层传输阵单元在不同频点处表面电流分布图

　　下面对双层传输阵单元结构参数及性能进行分析,在进行单元参数分析时,采用控制变量法每次仅改变一个结构参数。图 5.5 给出了双层传输阵单元不同结构参数的变化对传输幅度和相位的影响。图 5.5(a)所示为传输阵单元工作在 12GHz 处双方环间宽度 G 取不同值时,传输幅度和相位随单元外环长度 D 的变化曲线。从图中可以看出,改变宽度 G 将对单元传输幅度和相位产生较大的影响,当双方环间的宽度 G 增大时,单元的传输相移显著增加,与此同时,传输阵

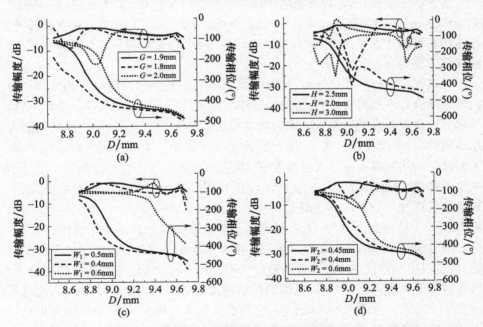

图 5.5　不同结构参数条件下的双层传输阵单元传输幅度与相位曲线
(a)G 尺寸变化;(b)H 尺寸变化;(c)W_1 尺寸变化;(d)W_2 尺寸变化。

单元在满足 -3dB 传输幅度条件下,单元的传输相位经历了先增大后减小的过程。考虑到满足传输阵单元在所需传输相位补偿范围内获得较高的透波率这个设计基准,我们选取双方环间宽度 $G=1.9\text{mm}$。从图中可以看出,当 $G=1.9\text{mm}$ 时,所设计的传输阵单元在满足 -3dB 传输幅度条件下,传输相位范围达到了 $360°$。图 5.5(b) 给出了介质基板厚度取不同参数值时,传输阵单元工作在 12GHz 处传输幅度和相位随单元外环长度 D 的变化曲线。从图中可以看出,介质层厚度的改变对传输幅度和相位影响都很大,当介质基板厚度尺寸为 2.5mm 时,单元的传输幅度和相位性能为最佳。图 5.5(c) 给出了内环宽度 W_1 取不同值时,传输阵单元工作在 12GHz 处传输幅度和相位随单元外环长度 D 的变化曲线。从图中可以看出,内环宽度 W_1 的变化将对单元传输幅度和相位产生较大的影响,当内环宽度 W_1 增大时,单元的传输相位范围不断的减小,而单元的传输幅度先增大后减小,内环宽度 W_1 取 0.5mm 时,传输阵单元在 -3dB 传输幅度条件下,传输相移范围达到了 $360°$。同样地,图 5.5(d) 给出了外环宽度 W_2 取不同值时,传输阵单元工作在 12GHz 处传输幅度和相位随单元外环长度 D 的变化曲线。从图中可以看出,随着外环宽度 W_2 增大,单元传输幅度先增大后减小,当外环宽度 W_2 取 0.45mm 时,单元传输相位范围取到最优值。

基于以上参数分析,最终选取传输阵单元结构参数 $G=1.9\text{mm}$,$H=2.5\text{mm}$,$W_1=0.5\text{mm}$,$W_2=0.45\text{mm}$,所设计的双层传输阵单元在 -3dB 传输幅度条件下,传输相移范围达到了 $360°$,并且在传输阵单元平均传输幅度 -1.5dB 条件下,传输相移范围为 $265°$。

传输阵在进行单元组阵时,传输阵面上不同位置的单元所接收到来自馈源的辐射能量各不相同,并且大部分传输阵单元满足斜入射照射条件。所以,传输阵单元的斜入射性能对传输阵辐射效率有较大的影响。在设计单元时,需要考虑不同频率、不同入射角度下,单元的传输幅度和相位响应。图 5.6 给出了 TE 入射波在不同频率和不同入射角度下,单元传输幅度与传输相位随单元尺寸 D 变化的曲线。如图 5.6(a) 和(b)所示,在 11.7GHz 和 12GHz 工作频点处,斜入射角度从 $0°$ 增大到 $20°$,单元传输幅度和相位的改变量很小,这表明在 11.7GHz 和 12GHz 工作频点处,斜入射角度的增大不会影响到单元的传输性能,从而不会影响传输阵天线的辐射效率和带宽。随着频率的增加,在 12.3GHz 工作频点处,传输幅度和相位在入射角度不超过 $25°$ 的情况下仍然能保持较好的一致性。当入射角度大于 $25°$ 时,TE 极化波的传输幅度在 $8.8\text{mm}<D<9.1\text{mm}$ 取值范围内发生了恶化。考虑到阵列排布时,大角度入射单元较少,传输幅度的恶化是可以接受的。总体而言,该单元的斜入射性能较好,可用于设计高增益、宽频带传输阵天线。

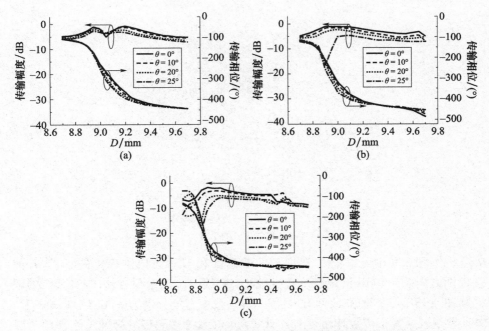

图 5.6　不同频率不同照射角度下单元的传输幅度和相位曲线
(a)单元在 11.7GHz 传输幅度与传输相位曲线；(b)单元在 12GHz 传输幅度与传输相位曲线；
(c)单元在 12.3GHz 传输幅度与传输相位曲线。

5.2.2　低剖面双层传输阵天线的设计与实现

为了验证所提出的周期性介质排布双方环形传输阵单元的有效性,我们设计并制作了一款低剖面双层传输阵天线,该传输阵由两部分组成:一部分为相对介电常数 2.2 的介质基板上蚀刻了半方环金属结构;另一部分为相对介电常数 10.2 的介质基板上蚀刻了半方环金属结构。为了实现周期性交替介质排布设计方案,将蚀刻了半方环金属结构的两块不同相对介电常数介质基板等分为 11 份,每一份的宽度为 6.5mm(等于半个单元周期 0.5P),随后采用介质螺钉将相邻的两块介质基板固定在空心的纸板上,相邻的两个半方环金属贴片之间采用 3M 导电贴进行连通。图 5.7 所示为周期性介质排布传输阵天线的制作实物图。该传输阵天线中心工作频率为 12GHz,传输阵采用方形口径分布,口径尺寸为 143mm,阵面共有 121 个传输阵单元。

为了进一步提升传输阵天线的口径效率,采用 E 面与 H 面辐射方向图等化良好的角锥喇叭作为馈源天线。喇叭天线的口径尺寸为 144·105mm²,如图 5.8 所示,工作频带为 8.8 ~ 14.5GHz,可以覆盖传输阵天线所需的频带。图 5.9 给出了喇叭天线在 10.5 ~ 13.5GHz 频带范围内 E 面和 H 面的辐射方向图。

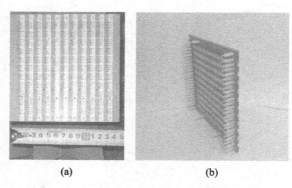

图 5.7　传输阵天线制作实物图

（a）正视图；（b）侧视图。

从图 5.8、图 5.9 中可以看出，喇叭天线的 E 面和 H 面方向图等化良好，其 E 面和 H 面方向图 −10dB 波束宽度差别较小，在 12GHz 工作频点处，喇叭天线的增益为 20.8dBi，其 E 面和 H 面方向图 −10dB 波束宽度分别为 ±20.3° 和 ±20.7°。喇叭天线被放置于传输阵面正上方 200.2mm 处，考虑到传输阵面位于馈源天线辐射方向图 −10dB 波束宽度范围内，我们选择传输阵的焦径比为 1，此时，喇叭天线的仿真溢出效率为 87%，方向图可以用函数 $\cos^{35.5}\theta$ 来近似。此外，在最大辐射方向上馈源的交叉极化电平比主极化电平低 26.5dB。基于传输阵面上各单元空间路径时延不同，我们计算出各单元所需补偿的相位值，并根据图 5.5 所示单元传输幅度与相位随单元尺寸变化的曲线图，合理选择传输阵口径面各个单元的尺寸值，传输阵口径面上相位分布如图 5.10 所示。

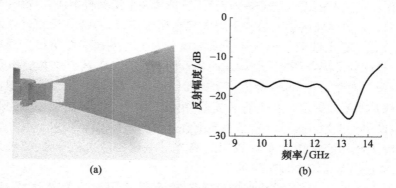

图 5.8　角锥喇叭实物图及仿真结果图

（a）角锥喇叭实物照片；（b）角锥喇叭工作频带特性曲线图。

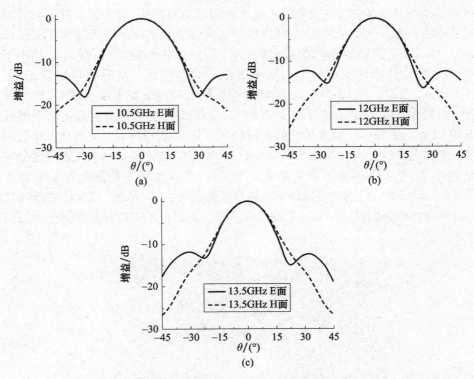

图 5.9 角锥喇叭在不同频点处 E 面和 H 面归一化辐射方向图

(a)角锥喇叭在 10.5GHz 频点仿真图;(b)角锥喇叭在 12GHz 频点仿真图;

(c)角锥喇叭在 13.5GHz 频点仿真图。

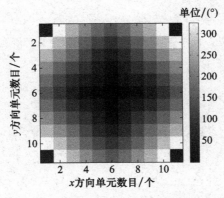

图 5.10 传输阵天线口径面相移分布图

　　为了确保传输阵面与馈源时刻处于相对稳定的空间位置,我们制作加工了一个滑动传输阵测量装置,如图 5.11 所示,同时,将组建的双层传输阵置于 HF-

SS 高频电磁仿真软件中进行仿真以及微波暗室进行测量,确保仿真设置与实际测量环境一致。在实际测量中,利用滑动测量装置设置传输阵面与馈源天线间距为 200.2mm,并且令传输阵面与馈源处于同一水平基准线上。图 5.12 给出了不同频率下,传输阵天线仿真与实测的归一化方向图。从图中可以看出,在 11.65GHz、12GHz 和 12.3GHz 3 个频点处的仿真和测试结果吻合较好,最大辐射方向较为一致,并且在最大辐射方向上,交叉极化电平值比主极化电平值低 29dB 以上。在 12GHz 频点处的最大辐射方向上,测量得到的交叉极化电平值和第一副瓣电平值分别为 -29.8dB 和 -13.4dB,E 面和 H 面半功率波束宽度分别为 8°、8.5°,这表明传输阵波束集束效果良好,并且测量与仿真的增益分别为 22.6dBi、23.3dBi,对应的传输阵口径效率值分别为 44%、51%,测量的传输阵口径效率相比仿真的传输阵口径效率要低一些。造成传输阵口径效率降低的原因有 3 点。

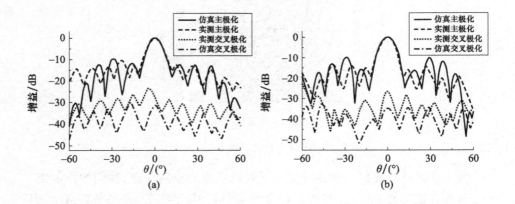

图 5.11 传输阵天线制作实物及测量环境图

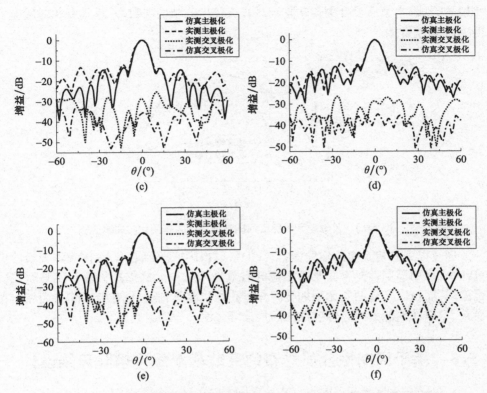

图 5.12 传输阵天线在不同频点处的仿真与实测归一化辐射方向图

(a)E(xOz)面 11.65GHz；(b)H(yOz)面 11.65GHz；(c)E(xOz)面 12GHz；

(d)H(yOz)面 12GHz；(e)E(xOz)面 12.3GHz；(f) H(yOz)面 12.3GHz。

(1)传输阵单元的损耗较大,所设计的双层传输阵单元在平均传输幅度 −1.5dB条件下,传输相移范围仅为265°,较高的单元传输损耗会使大部分馈源辐射能量反射,从而直接造成传输阵天线口径效率降低。

(2)馈源溢出效率和传输阵锥削效率较低,对于所设计的传输阵,仿真得到的馈源溢出效率和传输阵锥削效率仅为87%、90%。

(3)PCB 介质基板加工误差及测量误差较大。此外,在 11.65GHz 与 12.3GHz 边频点处,其副瓣电平值均低于主波束电平值14dB 以上,在两个边频点处的 E 面与 H 面半功率波束宽度分别为 9°、9°和 8°、9°,这表明所设计的传输阵天线在 11.65～12.3GHz 频带范围内,方向图的一致性较好。

为了衡量所设计传输阵天线的带宽性能,我们同样给出了双层传输阵的增益随频率变化曲线图。图 5.13 所示为传输阵天线的测量增益随频率变化的曲线。从图中可以看出,其测量的 1dB 增益带宽为 5.4%（11.65～12.3GHz）,最大增益值在 12GHz 为 22.6dBi,对应的传输阵天线效率值为 44%。相比于其他传输阵天线,本节所设计的传输阵天线具有较少的结构层数,并且具有相对较宽的 1dB 增益带宽。

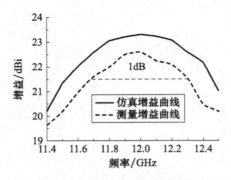

图 5.13　传输阵天线仿真与测量增益随频率变化的曲线

通过以上分析及组阵实验验证,我们可以得出这样的结论,在传输阵天线的设计中,采用周期性复合介质基板能够有效地增大单元的传输幅度和相移调控范围,从而可以实现两层无附加金属化过孔的传输阵,通过优化传输阵口面相位参数,可以获得低剖面高辐射性能的传输阵天线。

5.3　基于周期性介质排布的高效率双层传输阵天线设计

传输阵天线是一种高增益口径类天线,在实现高增益辐射的同时也要考虑传输阵的辐射效率。本节采用周期性复合介质基板作为传输阵的衬底,通过调节贴片与方环金属结构的尺寸参数,实现了传输阵单元在较高传输幅度条件下,传输相移范围 360°可控,随后通过组阵设计实现了双层低剖面、高辐射效率的传输阵天线。

5.3.1　基于周期性介质排布的贴片与方环形传输阵单元设计

传输阵单元的几何结构如图 5.14 所示,该单元具有两层金属结构,每一层金属结构采用贴片与方环形金属贴片蚀刻在复合介质基板上,介质基板采用两块相对介电常数差别较大的介质基板拼接而成,其中一种材料选择为 Arlon AD1000,相对介电常数 $\varepsilon_1 = 10.2$,介质损耗角正切 $\tan\delta_1 = 0.002$,另一种材料选择型号为 Rogers 4003（tm）,相对介电常数 $\varepsilon_2 = 3.55$,介质损耗角正切 $\tan\delta_2 = 0.0027$,介质基板厚度 $H = 2\text{mm}$。传输阵单元中心工作频率为 10GHz,单元栅格排布周期 $P = 9.6\text{mm}$,约为 0.32λ（λ 为中心频率对应的自由空间波长）。从图中可以看出,单层复合介质基板两侧蚀刻了相同的贴片与方环形金属结构,方环的长度为 L_2、宽度为 W,贴片边长为 L_1,方环与贴片之间缝隙宽度为 G。

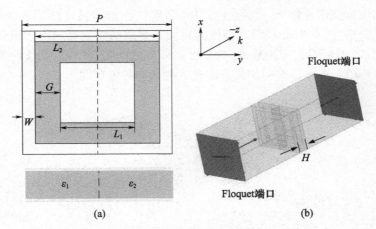

图 5.14　周期性复合结构传输阵单元结构及仿真模型图

(a)结构主视图；(b)HFSS 模型自由视图。

　　采用 Ansoft HFSS 15 电磁仿真软件建立该复合结构传输阵单元仿真模型，其中，无限大周期排布中相邻传输阵单元之间的互耦情况可以用周期性边界条件及矢量 Floquet 模进行分析。具体的设计参数如表 5.2 所列，单元参数分析将在下面给出。

表 5.2　单元的设计参数值

参数	数值/mm	参数	数值
P	9.6	W	$((P-L_2)/2)$ mm
G	1.55	ε_1	10.2
H	2	ε_2	3.55
L_1	$L_2 - 2 \times G$	L_2	变量

　　这里，我们首先分析贴片与方环形复合结构传输阵单元的传输特性。图 5.15 给出了分别采用单介质基板和复合介质基板的双层传输阵单元传输响应曲线。从图中可以看出，采用复合介质基板的传输阵单元能够在 7GHz 和 10GHz 处形成两个传输极值点，并且在两个传输极值点处对应的传输相移分别为 0°和 −180°。这表明，复合结构传输阵单元在 7GHz 和 10GHz 处发生了谐振，由于两个谐振频点的相互作用，使得该传输阵单元在传输幅度较高的条件下具有较大的传输相移调控范围。复合结构传输阵单元的谐振情况可以用图 5.16 来进行说明。图 5.16 给出了贴片与方环形复合结构传输阵单元表面电流分布图，从图中可以看出，在谐振频点 $f_1 = 7$GHz 处，单元的表面电流主要集中在方环形结构的周围，而在谐振频点 $f_2 = 10$GHz 处，单元的表面电流同时分布在方环和贴片结构周围。出现这个现象的原因在于两种介质材料的加载将对传输阵单元

的频率响应特性造成影响,而采用相对介电常数较大的复合介质基板时(相对介电常数分别为 10.2 和 3.55),传输阵单元的金属结构受到对应区域介质层加载的影响,产生不同的谐振效果,两个谐振频点之间相互作用,能够使复合介质基板传输阵单元产生较高的透波率和较大的相移传输范围。

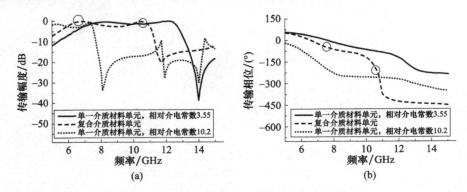

图 5.15　单介质基板和复合介质基板双层传输阵单元传输响应曲线图
(a)传输幅度曲线;(b)传输相位曲线。

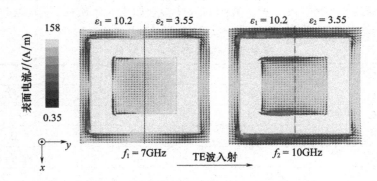

图 5.16　双层传输阵单元在不同频点处表面电流分布图

随后,我们对贴片与方环复合结构传输阵单元的结构参数及性能进行分析,在进行单元参数分析时,采用控制变量法,每次仅改变一个结构参数。图 5.17 给出了贴片与方环复合结构传输阵单元在不同结构参数变化条件下,其传输幅度和相位的变化趋势。图 5.17(a)所示为传输阵单元工作在 10GHz,贴片与方环之间宽度 G 取不同值时,传输幅度和相位随单元方环长度 L_2 的变化曲线。从图中可以看出,改变宽度 G 将对单元传输幅度和相位产生较大的影响。当宽度 G 增大时,单元的传输相移范围不断地减小,此时,单元的传输幅度不断增大,考虑满足传输阵单元在所需传输相位补偿范围内获得较高的透波率这个设计基准,综合选择宽度 $G=1.55\text{mm}$。图 5.17(b)给出了介质基板厚度取不同参数值时,传输阵单元工作在 10GHz 处传输幅度和相位随单元方环长度 L_2 的变化曲线。从图中可以看出,介质层厚度的改变对传输幅度和相位影响都很大。当介质基板厚度尺寸 $H = 2\text{mm}$ 时,单元的传输幅度和相位性能为最佳。

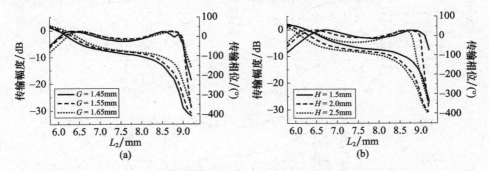

图 5.17　不同结构参数条件下的贴片与方环复合结构传输阵
单元传输幅度和相位曲线
(a)尺寸 G 变化;(b)尺寸 H 变化。

综合以上分析,我们选择贴片与方环复合结构传输阵单元的结构参数 $G = 1.55\text{mm}$,$H = 2\text{mm}$,方环长度 L_2 为变量,贴片边长 L_1 随方环长度 L_2 变化而变化,$L_1 = L_2 - 2 \cdot G$,方环的宽度 W 随方环长度 L_2 变化而变化,$W = (P - L_2)/2$。此时,通过参数的优化设计,获得了传输阵单元在平均传输幅度为 -2.3dB 的条件下,传输相位范围达到了 $360°$,这有效地提升了单元的传输效率。

在传输阵的应用中,由于传输阵面上不同位置的单元所接收到来自馈源的辐射能量各不相同,并且大部分传输阵单元满足斜入射照射条件,传输阵单元的斜入射性能将对传输阵的辐射效率有较大的影响,所以在进行单元组阵设计时,应着重考虑单元的斜入射性能。在这里,我们分析研究了所设计的双层传输阵单元在不同频率、不同入射角度条件下,单元的传输幅度和相位响应。

图 5.18 给出了 TE 入射波在不同频率和不同入射角度下,单元传输幅度与传输相位随单元尺寸 L_2 变化的曲线。如图 5.18 所示,在 9.6GHz、10GHz、10.3GHz 处,斜入射角度从 $0°$ 增大到 $25°$,单元传输幅度和相位的改变量很小,这说明在 $9.6 \sim 10.3$GHz 频率范围内,随着工作频率和斜入射角度增大,传输阵单元的传输幅度和相位稳定性较好,但斜入射角度增大到 $25°$ 时,传输幅度仍然有一定程度的恶化,此外,随着传输阵单元的工作频率增加,传输幅度和相位曲线整体向 L_2 尺寸减小的方向偏移,并且不同频点的传输相位曲线近似平行,这表明该传输阵具有较宽的频带范围。综合以上分析,该单元的斜入射性能较好,并且具有较宽的频带范围,可用于设计高增益、高辐射效率的传输阵天线。

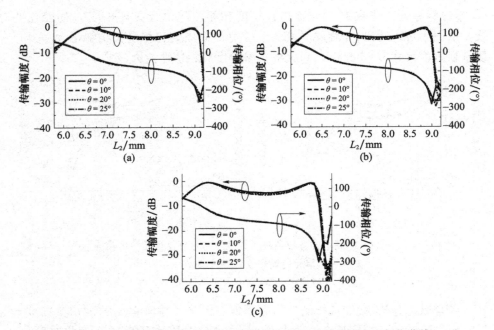

图5.18　不同频率不同传输阵照射角度下单元的传输幅度和相位曲线

（a）单元在9.6GHz下传输幅度与传输相位曲线；（b）单元在10GHz下传输幅度与传输相位曲线；
（c）单元在10.3GHz下传输幅度与传输相位曲线。

5.3.2　高效率双层传输阵天线的设计与实现

从单元的设计中可以看出，贴片与方环复合结构传输阵单元具有较好的幅度传输和相移调控能力，接下来，我们采用该单元设计并制作一款低剖面、高辐射效率的双层传输阵天线。传输阵面由两部分组成：一部分为相对介电常数3.55的介质基板上蚀刻了半方环与矩形金属组合结构；另一部分为相对介电常数10.2的介质基板上，同样蚀刻了半方环与矩形金属组合结构。随后，将蚀刻了金属结构的介质基板等分成13份，每一份的宽度为4.8mm（等于半个单元周期0.5P），采用介质螺钉将相邻的两块介质基板固定在空心的纸板上，相邻的两个半方环与矩形金属结构采用3M导电贴进行连通。图5.19所示为贴片与方环复合结构传输阵天线的制作实物图，传输阵天线中心工作频率为10GHz，传输阵采用方形口径分布，口径尺寸为124.8mm，阵面共有169个传输阵单元。

传输阵的馈源采用E面与H面辐射方向图等化良好的角锥喇叭天线，喇叭天线的口径尺寸为80mm×60mm，工作频带为8.8～13.6GHz，可完全覆盖传输阵天线所需的频带。图5.20给出了喇叭天线在8.9～13.6GHz频带范围内E面和H面的辐射方向图，从图中可以看出，喇叭天线的E面和H面方向图等化

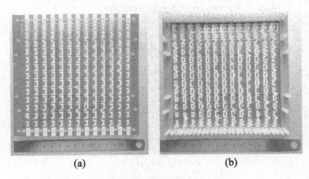

图 5.19　传输阵天线制作实物图

(a)正面图;(b)背面图。

良好,其 E 面和 H 面方向图 −10dB 波束宽度差别较小,在 10GHz 中心工作频点处,喇叭天线的增益为 17.3dBi,其 E 面和 H 面方向图 −10dB 波束宽度分别为 ±21.4° 和 ±21.8°。喇叭天线放置于传输阵面正上方 158.4mm 处,考虑到传输阵面位于馈源天线辐射方向图 −10dB 波束宽度范围内,我们选择传输阵的焦径比为 1,此时,喇叭天线的仿真溢出效率为 87%,方向图可以用函数 $\cos^{32}\theta$ 来近似。基于传输阵面上各单元空间路径时延不同,我们计算出各单元所需补偿的相位值,并根据图 5.17 所示单元传输幅度与相位随单元尺寸变化的曲线图,合理选择传输阵口径面各个单元合适的尺寸值,传输阵口径面上相位分布如图 5.21 所示。

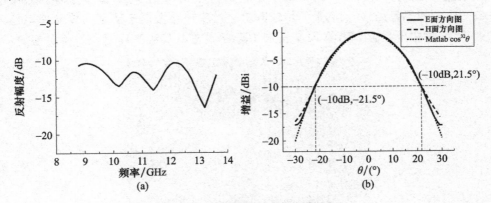

图 5.20　角锥喇叭天线仿真曲线图

(a)喇叭天线的工作频带特性曲线图;(b)10GHz 喇叭天线 E 面与 H 方向图。

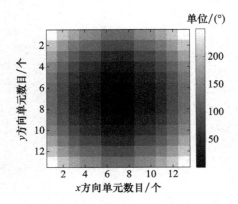

图 5.21　传输阵天线的口径面相移分布图

　　我们将设计的双层传输阵置于 HFSS 高频电磁仿真软件中进行仿真以及微波暗室进行测量,确保仿真设置与实际测量环境一致,同时,为了减小测量误差,我们采用滑动传输阵测量装置固定传输阵面与馈源相对位置,测试环境如图 5.22 所示。图 5.23 给出了不同频率下,传输阵天线仿真/实测的归一化方向图。从图中可以看出,在 9.55GHz、10GHz 和 10.3GHz 3 个频点处的仿真和测试结果吻合较好,最大辐射方向较为一致,并且在最大辐射方向上,交叉极化电平值比主极化电平值低 28dB 以上。在 10GHz 频点处的最大辐射方向上,测量得到的交叉极化电平值和第一副瓣电平值分别为 −36.5dB 和 −14.1dB,E/H 面半功率波束宽度分别为 9°、10°,这表明传输阵波束集束效果良好,并且测量与仿真的增益分别为 20.77dBi、21.3dBi,对应的传输阵口径效率值分别为 55%、61.9%。从测量结果看,测量的传输阵口径效率值略微低于仿真的传输阵口径效率值,这主要是由 PCB 介质基板加工存在误差以及实测环境误差所引起的。

图 5.22　传输阵天线制作实物及测试环境图

相比于上一节传输阵设计,本节所设计的传输阵具有相对较高的效率,这主要是由于本节采用的方环与贴片复合传输阵单元具有较好的幅相传输特性,其单元的传输相位范围满足 360°条件下,单元平均传输幅度为 −2.3dB,即馈源辐射能量可大部分经传输阵面透射,此外,相对较高的馈源溢出效率 89% 和传输阵锥削效率 91% 也保证了高效传输的实现。

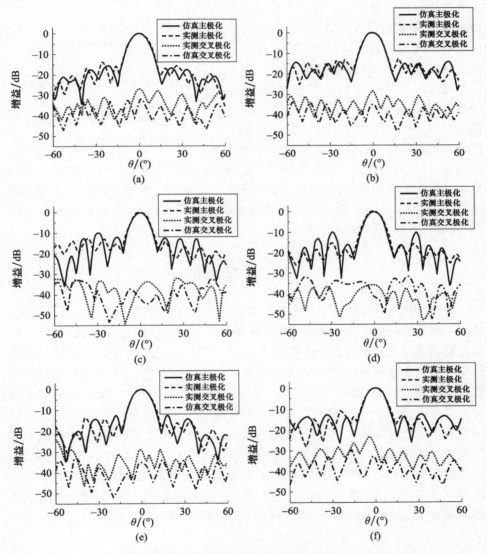

图 5.23　传输阵天线在不同频点处的实测辐射方向图
(a)E(xOz)面 9.55GHz;(b)H(yOz)面 9.55GHz;(c)E(xOz)面 10GHz;
(d) H(yOz)面 10GHz;(e)E(xOz)面 10.3GHz;(f)H(yOz)面 10.3GHz。

最后,为了进一步衡量所设计传输阵天线的宽带性能,我们同样给出了双层传输阵的增益随频率变化曲线图。图5.24所示为传输阵天线的测量增益随频率变化的曲线。从图中可以看出,其测量的1dB增益带宽为7.5%(9.55~10.3GHz),最大增益值在10GHz为20.77dBi,对应的传输阵天线效率值为55%。相比于其他传输阵天线,本节所设计的传输阵天线具有较少的结构层数、较高的口径效率,并且具有相对较宽的1dB增益带宽。

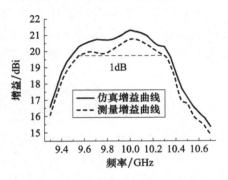

图5.24　传输阵天线仿真与测量增益随频率变化的曲线

通过以上分析及组阵实验验证,我们可以得出这样的结论,在传输阵天线的设计中,采用周期性复合介质基板能够有效地提升单元的传输幅度和相移调控范围,可以实现两层无附加金属化过孔的传输阵天线,进一步简化传输阵设计及提高传输阵辐射性能,同时通过优化复合介质材料介电常数以及传输阵金属结构参数,可以进一步提升单元传输幅度和相位调控能力,从而可以实现低剖面、高辐射效率、宽频带传输阵天线。

5.4　本章小结

本章分析了周期性介质排布双层传输阵单元工作机理和工作特性。首先,提出一种双方环形周期性介质排布的传输阵单元,采用周期性介质排布设计,能够在传输阵单元上形成多个谐振模式,多个谐振的相互作用使得传输阵单元传输特性发生了改变,从而形成单元高透波及较大相移调控范围,通过组阵设计和实验的验证,该传输阵天线可实现5.4%的1dB增益带宽,天线的口径效率为44%。其次,提出一种方环和贴片组合型的周期性介质排布传输阵单元,通过对单元结构参数进行优化,获得了高透波及较大相移调控范围的性能,随后利用该单元进行组阵设计,经实验验证,该传输阵天线可实现7.5%的1dB增益带宽,天线的口径效率为55%。实验表明,周期性介质排布新型传输阵天线的设计与研究不仅丰富了传输阵天线在高增益天线领域的应用研究,同时可为小型化、低剖面远程无线通信系统提供切实可行的天线设计方案。

第6章 反射传输式天线和
双反射阵天线研究

本章对双反射阵天线进行了研究。首先,借助于卡塞格伦(Cassegrain)天线的设计方法,并结合平面反射阵天线调相机理,对双反射阵天线的设计进行了规范。其次,将反射阵与传输阵天线有效结合起来,提出了一种双频反射传输式天线,经实验验证,所设计的天线能够在 X 和 K 两个波段内分别实现反射与传输两种工作模式。最后,设计了一种采用方形贴片结构作为主副阵面单元的双反射阵天线,经仿真验证,该单元具有较好的定向辐射性能。

6.1 引　　言

随着无线通信技术的快速发展,对天线、微波器件及其他电磁器件性能的要求越来越高,并且向着小型化、高集成度和多功能化方向发展。对于高增益型天线设计,除传统的宽频带、多极化、可重构及多信道功能要求外,还要求天线具有多样化的阵列布局结构,如可实现折叠式阵面、共形阵面等。

在单脉冲雷达及射电天文等系统中,双反射面天线应用较为广泛,最为典型的如卡塞格伦天线、格里高利(Gregorian)天线等。相比于传统的抛物面形天线,双反射面天线由于增加了设计自由度,从而提升了天线的设计灵活性,可在一定程度上降低天线的剖面高度,在满足辐射性能要求的同时,实现小型化设计。平面反射阵天线是利用相移单元调控反射相位的大小从而在口面形成同相波前,将平面反射阵概念应用于双反射面天线的设计中,可进一步降低天线的剖面。同时微带贴片单元可有效地减轻天线阵面的重量,通过附加变容二极管等可控相移器件可实现代价较小的波束扫描功能等。此外,多频工作的双反射阵天线还能够进一步提升系统的信道容量,有效地拓展应用空间。

本章将借助于卡塞格伦天线的设计方法,并结合平面反射阵天线调相机理,对双反射阵天线的设计进行了规范,并对高增益型及双频双反射阵天线进行了深入研究。

6.2　双反射阵天线设计原理

双反射阵列天线是由一个主反射阵、一个偏置的副反射阵及馈源天线所组成的,馈源入射波照射到副反射阵面上,经由副阵面调相并反射至主反射阵面,再通过主阵面单元相位校准实现在空间的高增益辐射。这种设计具有以下两方面优势。

(1)两个反射阵列单元的相位都是可控的,设计自由度的增加能够实现更好的波束综合性能。一般而言,副阵面口径尺寸较小,通过对副阵面单元的可重构设计,使得双反射阵能以较低的代价获得相扫特性。

(2)主副阵列都为平面结构,这使得加工制作、安装、运输以及拆卸维护等实际使用时更加便利。

下面我们对双反射阵列的设计进行详细阐述。

双反射阵天线的设计可采用卡塞格伦天线设计方法。如图 6.1(a)所示,主反射阵面与副反射阵面分别为一个抛物面和一个双曲面,将馈源喇叭置于双曲面的实焦点处,双曲面的虚焦点与抛物面的焦点重合成为等效馈源一点,此时,经由馈源喇叭辐射的电磁波在双曲面表面反射后,再经由抛物面反射在空间形成波束聚焦,可看作从等效馈源一点发出的电磁波经抛物面反射至自由空间,在确定了抛物面与双曲面的空间位置关系后,用两个平面反射阵分别替代抛物面与双曲面,如图 6.1(b)所示。

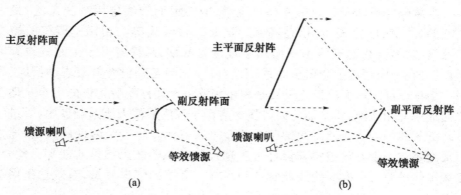

图 6.1　双反射阵天线结构示意图
(a)主反射阵面和副反射阵面分别为抛物面和双曲面;(b)主阵面和副阵面同为平面反射阵。

这种方法需要确定抛物面以及双曲面方程,主副阵面空间相对位置关系也需要服从抛物面与双曲面空间相对位置关系,这会造成设计上的繁琐并且使得双反射阵天线总剖面无法降低。由于主副反射阵都为平面结构并且都能够实现相位调整,所以主副阵面空间位置关系可任意调整。具体设计流程如下。

(1)确定副反射阵面口径尺寸及阵面倾角。副反射阵口径大小决定着主反射阵面接收二次能量的大小,如图6.2(a)所示,副阵面倾角选为 θ_1(θ_1 取值为任意),确定副阵面口径尺寸时,要考虑馈源天线 -10dB 波束宽度,当副阵面边缘接收馈源能量波相比于主波束方向上能量下降 10dB 时,副反射阵面的能量利用率为最佳。

(2)确定等效馈源位置及主反射阵面口径尺寸。在副反射阵面位置确定后,沿副反射阵面背向一侧选取一点 O 为等效馈源相位中心点,如图6.2(b)所示,从等效馈源相位中心点 O 出射的波经副反射阵边缘一点 $A(B)$ 照射到主反射阵边缘一点 $C(D)$,连接 OAC 形成的波的路径要将馈源置于其外,避免馈源的遮挡。最终选择主反射阵尺寸及阵面倾角 θ_2。

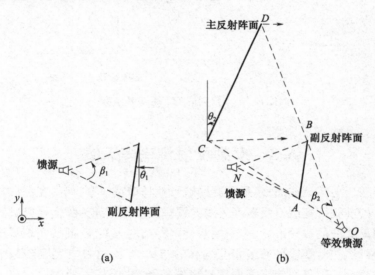

图6.2　双反射阵天线设计

(a)副反射阵面;(b)双反射阵天线。

(3)确定主副反射阵面单元的相位分布。副反射阵面单元所需形成的相移量等于副反射阵面单元到馈源和到等效馈源之间的空间相位差,这相当于将馈源 N 一点入射等效为从等效馈源 O 一点入射至主反射阵面。在计算主反射阵面单元相位时,要利用副阵面单元产生的激励源计算主反射阵面的入射场大小。

为了便于计算阵面上入射场大小,我们规范并定义了馈源、副反射阵及主反射阵相对坐标系,明确了三者之间的相对位置关系。图6.3给出了双反射阵面相对参考坐标系。其中,(X_f, Y_f, Z_f) 为馈源坐标系,(X_s, Y_s, Z_s) 为副面坐标系,(X_m, Y_m, Z_m) 为主阵面坐标系,全局坐标系为 (X, Y, Z) 置于等效馈源 O 点处。

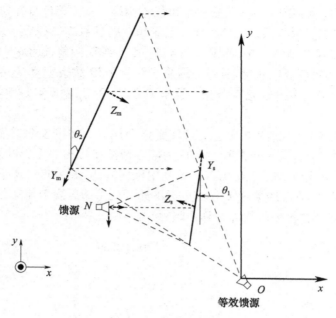

图 6.3 双反射阵相对参考系坐标

6.3 双频反射传输阵天线

对于双反射阵天线而言,最主要的缺点就是带宽较窄,如何在保证阵面整体结构不变的前提下拓展双反射阵天线的频率复用范围成为我们研究的重点。对于单反射阵天线的双频设计,多采用双层两种结构来实现,而要实现双反射阵面上的双频带工作就要设计两组相互隔离的结构单元,这种方案实现起来较为困难。考虑到副反射阵面与主阵面相对位置关系,我们将副阵面设计为一个具有空间滤波特性的平面结构,对于低频电磁波起到调相反射作用,对于高频电磁波起到透波作用,而在该结构背面设计一个传输阵天线将能量聚焦形成高增益辐射。本节以双反射阵面设计为基础,将副反射阵设计为一个具有空间滤波性能的平面结构,对于低频信号调相并反射,高频信号起到透波作用,而后设计了传输阵面置于该结构背侧,所设计传输阵可将透射波聚焦形成所需的定向辐射。

6.3.1 相移单元设计

1. 副阵面具有空间滤波特性的平面结构

所设计的副阵面单元应具有在低频段实现相位调控功能,在高频段具有较好的透波性能下对传输相位不产生影响,同时两个频带范围内具有较好的隔离性能,其作用相当于一个 FSS 结构。为了在两个频带范围分别实现反射与透波性能,我们设计了一个具有两层金属结构的单元,单元的结构模型图如图 6.4 所示。该单元具有上下两层金属结构,其蚀刻在厚度为 2mm、相对介电常数为 2.65 的介质基板两侧。从图中可以看到,上层为一个双方环形结构,内外环长度分别为 L_1 与 L_2,环宽度 $W_1 = 0.3$mm,内外环间宽度 $G_1 = 1$mm,其下层结构为一个固定大小的方环形贴片。这种贴片结构对于低频电磁波能起到很好的反射作用,相当于一个地板,而对于高频电磁波几乎不影响传输特性。方环型贴片长度 $L_d = 7.5$mm,宽度 $W_d = 1$mm,副阵面单元周期 $L_s = 12$mm,所设计的副阵面单元工作在低频 10GHz、高频 21GHz,分别实现了低频反射调相,高频透波特性,单元模型应用 Ansoft HFSS 15 全波仿真软件进行仿真分析,参数分析及性能如下。

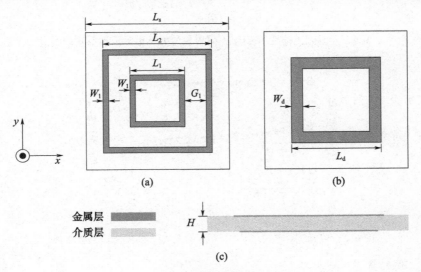

图 6.4　单元结构示意图

(a)上层贴片结构;(b)下层贴片结构;(c)单元侧视图。

图 6.5 给出了所设计副阵面单元在 10GHz 工作频率处的斜入射性能。从图中可以看出,在 0°～30°入射角度范围内单元的反射幅度相位变化趋势基本一致,这表明该单元在低频工作时的斜入射性能良好,并且单元的反射相移达到 360°,表明该单元具有较好的反射相位控制能力。图 6.6 给出了所设计副阵面单元在 21GHz 工作频率处的斜入射性能。从图中可以看出,随着 L_2 尺寸的增加,单元在 21GHz 处的传输幅度较好,仅在 30°斜入射时 8.5mm < L_2 < 10.5mm 范围内传输幅度趋近于 −3dB,考虑到阵面单元落在大角度斜入射范围内较少,这样的传输幅度性能是可以接受的,同时单元在 21GHz 处的传输相位变化较小,仅在 30°斜入射时传输相位变化为 70°。可见,该副阵面单元结构具有较好

的空间滤波特性,在 10GHz 工作频率处,具有较好的相位控制特性且反射幅度较好,而在 21GHz 工作频率处,该单元具有较好的透波性能,传输相位改变量较小。

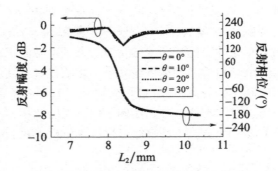

图 6.5　单元工作在 10GHz 不同入射角度下单元反射系数曲线

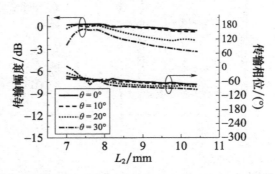

图 6.6　单元工作在 21GHz 不同入射角度下单元传输系数曲线

2. 传输阵单元结构设计

当入射电磁波照射到副阵面具有 FSS 特性的结构层时,低频电磁波经调相反射,而高频电磁波透过副阵面入射到传输阵表面,为了使得高频透射电磁波在空间形成高增益聚焦,我们设计了一个 3 层双圆环结构的传输阵单元,金属圆环结构分别蚀刻在 3 块相对介电常数为 2.65、厚度 $H_t=0.5\text{mm}$ 的介质基板上,每层之间填充 $H_r=3.5\text{mm}$ 厚度的空气腔,传输阵单元的设计模型如图 6.7 所示。如图所示,内圆环半径为 r_1,金属圆环宽度 $W_r=0.2\text{mm}$,两个金属圆环间空隙 $G_r=0.5\text{mm}$。所设计传输阵单元工作在 21GHz,单元周期 $L_r=6\text{mm}$,通过调控内圆环半径 r_1 以改变单元表面电流分布,从而实现对传输幅度与相位控制。对所设计的传输阵单元,应用 Ansoft HFSS 15 进行仿真建模并对结构参数进行优化。

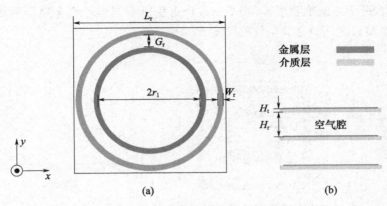

图 6.7　传输阵单元结构示意图
(a)正视图;(b)侧视图。

图 6.8 给出了不同入射角度下,单元工作在 21GHz 处,传输幅度与相位随单元尺寸 r_1 变化的曲线图。从图中可以看出,在 21GHz 工作频点处,传输阵单元在 -3dB 传输幅度范围内的传输相移达到 340°,在 0°~30° 入射角度范围内的传输相位的差别很小。随着斜入射角度的增加,单元的传输幅度范围略有缩小,不同斜入射角度下传输相移的最大偏差不超过 40°。

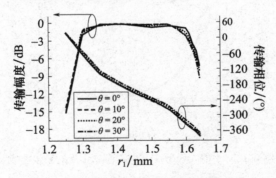

图 6.8　不同入射角度下单元传输系数曲线

3. 主阵面单元设计

主阵面反射阵单元接收来自副阵面二次辐射的电磁波,经过调相反射,在自由空间形成波束聚焦。主阵面单元应在低频段具有相位调控功能,考虑到方便于制作加工以及实际测量需求,我们设计了单层双方环结构的反射阵单元,该单元仅有一层金属结构,其蚀刻在厚度 $H_1 = 1$mm,相对介电常数为 2.65 的介质基板一侧。图 6.9 给出了所设计单层反射阵单元结构示意图。从图中可以看出,介质上层蚀刻了一个双方环形结构,A 和 D 分别表示内外环的长度,环宽度 $W = 0.5\text{mm}$,内外环之间的宽度 $G = 0.5\text{mm}$,介质基板下方为一块金属反射板,介质基板与金属板之间填充有空气腔厚度 $H_2 = 6\text{mm}$。

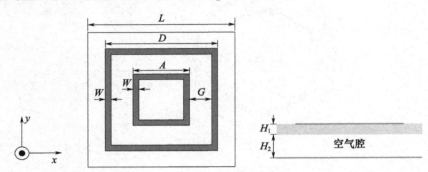

图 6.9　主反射阵单元结构示意图

图 6.10 给出了不同入射角度下,主阵面单元工作在 10GHz 处,反射系数随单元尺寸 r_1 变化的曲线图。从图中可以看出,在 10GHz 工作频点处,单元的反射相移达到了 360°,并且在 0° ~ 30° 入射角度范围内的反射相移曲线的差别很小,不同斜入射角度下反射相移的最大偏差不超过 30°。

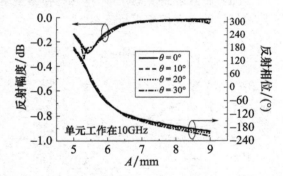

图 6.10　不同入射角度下主阵面单元反射系数曲线

6.3.2　阵列整体设计与实验验证

本节中所采用的馈源天线为工作在 X 波段和 K 波段的两个喇叭天线。两个喇叭天线的辐射方向图如图 6.11 所示。

基于以上对主反射阵、副面反射阵以及传输阵单元的研究,我们设计并制作了一款双频反射传输阵列天线,其由一个主反射阵、一个副面反射阵、一个传输阵及喇叭馈源组成。参照 6.2.1 节中双反射阵天线的设计流程规范,下面给出双频反射传输阵天线的设计流程。

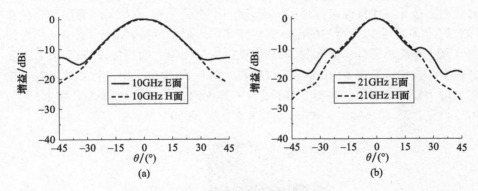

图 6.11　喇叭天线辐射方向图

（a）10GHz 工作频点辐射方向图；（b）21GHz 工作频点辐射方向图。

（1）首先设计并制作了一款 112 个单元的反射阵天线作为其副阵面,同时为了实现高频能量聚焦形成高增益,设计了一款 448 个单元的传输阵天线置于副阵面背后,由于阵列圆口径效率略高于方口径效率,我们设计直径为 144mm 的圆口径阵列。为了使副阵面尽可能多地截获馈源天线辐射能量,同时由于 X 波段,K 波段两个喇叭天线辐射方向图特性不同,综合考虑,确定了馈源天线的摆放位置及副阵面中心点的位置坐标,在全局坐标系下,馈源天线的相位中心点坐标为（ −201,94,0）,副阵面中心点坐标为（ −57.2,94,0）,副阵面在全局坐标系下的倾角为 $\theta_1 = 16.8°$,如图 5.3 所示,馈源到副阵面边缘一点最大入射角度为 19°,对应的 10GHz 和 21GHz 喇叭天线到副阵面边缘一点处的照射电平值分别为 −8.2dB、−9.8dB,这样可同时兼顾两个喇叭馈源照射到副阵面的边缘照射电平。

（2）而后设计了一款 608 个单元的反射阵天线作为其主阵面,同样采用了圆口径设计,直径为 420mm,等效馈源相位中心位于全局坐标系下的原点处,主阵面中心置于（ −205.6,353.6,0）处,主阵面倾角选择 $\theta_2 = 26.7°$。此时,馈源天线以及副阵面对辐射均不造成遮挡。

（3）确定主、副反射阵面单元的相位分布。副阵面单元所需形成的相移量等于副阵面单元到实际馈源点的距离与到等效馈源之间距离所产生的空间相位差值。根据空间路径补偿原则,我们可以确定副阵面上单元的反射相移,这相当于将馈源入射电磁波等效为从等效馈源一点入射的电磁波。对于主阵面单元相移量的确定,需要计算出主阵面单元的切向入射电场。要确定主阵面单元的切向电场,需要先计算出副阵面单元的切向入射场,副阵面单元在副阵面坐标系 (X_s, Y_s, Z_s) 下进行平移,并利用欧拉旋转定理变换到馈源坐标系下 (X_f, Y_f, Z_f),依据馈源方向图 $\cos^{19}\theta$ 近似,可以得到副阵面上单元的切向入射电场,再将主反

101

射阵面上单元在主阵面坐标系(X_m,Y_m,Z_m)下进行平移,欧拉旋转到副面坐标系(X_s,Y_s,Z_s)下,由以上所得的副阵面单元切向入射场,可以将副阵面单元作为馈源计算主阵面单元的切向入射场,从而获得主阵面单元的相位,同时反射波需要进一步补偿相位形成$\theta_2=26.7°$波束偏转。图6.12给出了所设计双频反射传输阵列的HFSS模型图。馈源、副阵面和主阵面对应的欧拉旋转角分别为$(90°,90°,90°)$、$(73.2°,-90°,-90°)$和$(63.3°,90°,90°)$。

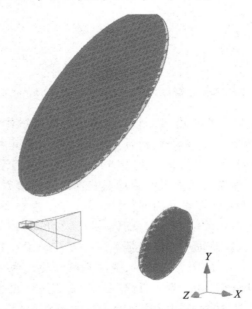

图6.12　双频反射传输阵列仿真模型图

图6.13给出了双频反射传输阵列口面相位分布图。从图中可以看出,其相位沿y轴方向呈对称分布,这是由馈源与阵列相对位置所决定的。图6.14给出了双频反射传输阵天线的实物加工照片。

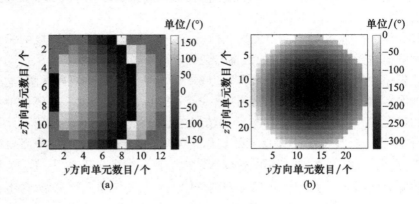

(a)　　　　　　　　(b)

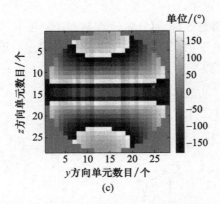

(c)

图 6.13　双频反射传输阵口面相移分布

(a)副阵面口面相移分布；(b)传输阵口面相移分布；(c)主阵面口面相移分布。

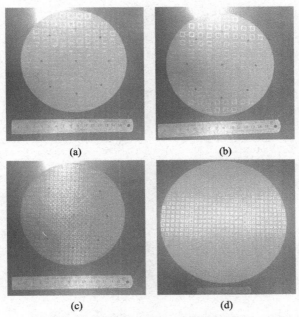

图 6.14　双频反射传输阵天线实物加工照片

(a)副阵面 FSS 结构正面照片；(b)副阵面 FSS 结构背面照片；

(c)副阵面传输阵结构照片；(d)主阵面结构照片。

图 6.15 给出了所设计天线在低频反射模式下归一化方向图的测量值。从图中可以看出，在 9.8GHz、10GHz 和 10.225GHz 3 个频点的最大辐射方向上，交叉极化电平值比主极化电平值低 35dB 以上，这表明所设计天线的反射模式在最大辐射方向上的交叉极化性能良好。在 10GHz 处，副瓣电平值低于主波束电平

值17.2dB,E 面和 H 面半功率波束宽度分别为 5°、4°,并且最大增益值为 28.9dBi,对应的天线辐射效率为 41%。在 9.8GHz 与 10.225GHz 边频点处,副 瓣电平值低于主波束电平值 17dB 以上,在两个边频点处的 E 面和 H 面半功率 波束宽度分别为 5°、4°和 5°、5°。

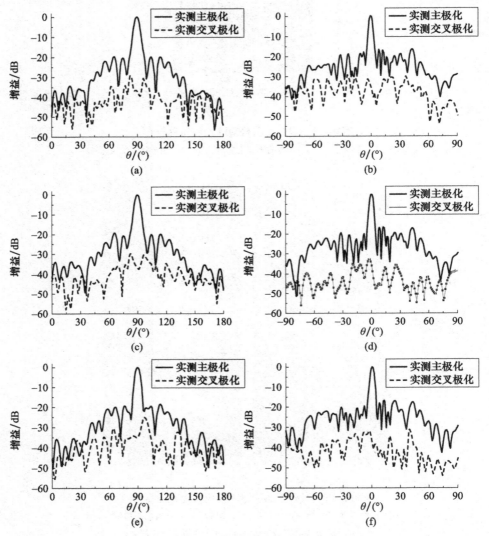

图 6.15 反射模式下不同频点处的辐射方向图
(a)E(xOz)面 9.8GHz;(b)H(xOy)面 9.8GHz;(c)E(xOz)面 10GHz;
(d)H(xOy)面 10GHz;(e)E(xOz)面 10.225GHz;(f)H(xOy)面 10.225GHz。

　　图 6.16 给出了所设计天线在高频传输模式下归一化方向图的测量值。从图中可以看出,在 20.9GHz、21.1GHz 与 21.25GHz 3 个频点的最大辐射方向上,交叉极化电平值比主极化电平值低 30dB 以上,这表明所设计天线工作在高频传输模式下的交叉极化性能良好。在 21.1GHz 频点处,副瓣电平值低于主波束电平值 14.1dB,E 面和 H 面半功率波束宽度分别为 9°、8°,并且有最大增益值为

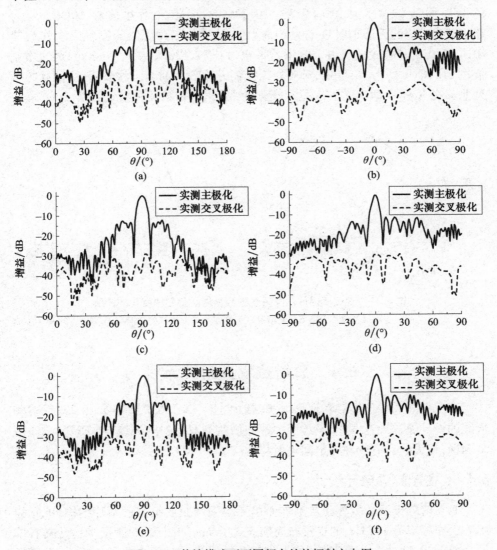

图 6.16　传输模式下不同频点处的辐射方向图

(a)E(xOz)面 20.9GHz;(b)H(xOy)面 20.9GHz;(c)E(xOz)面 21.1GHz;
(d)H(xOy)面 21.1GHz;(e)E(xOz)面 21.25GHz;(f)H(xOy)面 21.25GHz。

25.8dBi,对应的天线辐射效率为38%。在 21.1GHz 与 21.25GHz 两个边频点处,副瓣电平值低于主波束电平值13dB 以上,在两个边频点处的 E 面和 H 面半功率波束宽度分别为9°、8°和9°、7°。

图 6.17 给出了双频反射传输阵天线测量增益随频率变化的曲线。从图中可以看出,当采用工作在 X 波段的喇叭天线作为馈源时,该阵列在反射模式下的1dB 增益带宽为 4.3%(9.8 ~ 10.225GHz),最大增益值在 10GHz 处为28.9dBi,对应的天线辐射效率为41%。采用工作在 K 波段的喇叭天线作为馈源时,对应的传输模式天线1dB 增益带宽为1.7%(20.9 ~21.25GHz),最大增益值在 21.1GHz 处为25.8dBi,对应的天线辐射效率为38%。这表明,所设计的阵列能够在 X 和 K 两个波段范围内分别实现反射与传输两种模式工作。

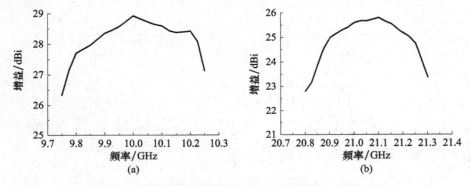

图 6.17　双频反射传输阵天线的测量增益随频率变化的曲线

(a)反射模式下阵列测量增益;(b)传输模式下阵列测量增益。

6.4　高增益双反射阵天线

双反射阵天线还能够实现高增益辐射性能。基于6.2 节中给出了双反射阵天线的设计流程规范,本节设计了一种高增益型双反射阵天线,经 HFSS 全波仿真验证,该天线具有较好的定向辐射特性。

6.4.1　主副阵面单元设计

双反射阵天线的主阵面及副阵面单元均采用亚波长方形贴片结构,单元的中心工作频率为10GHz,栅格排布周期 $P = 10mm$,如图 6.18 所示。单元具有单层金属结构,并蚀刻在厚度为2mm、相对介电常数为2.65 的介质基板上,介质板背面为金属反射板,并且无空气腔填充。如图所示,正方形贴片边长为 D,通过改变贴片边长可以达到对单元反射相位调控的目的。

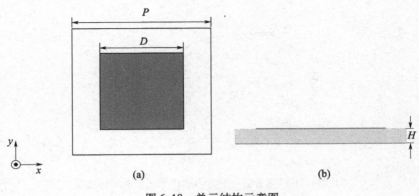

图 6.18　单元结构示意图

（a）俯视图；（b）侧视图。

在双反射阵天线设计中,主、副阵面及馈源天线的相对位置关系可有多种形式。此外,馈源天线也可采用正馈或偏馈形式,每个单元所处的空间位置不同,造成了来自馈源入射波角度不同,故单元的斜入射性能好坏将对阵列的辐射性能造成较大的影响。图 6.19 给出了在不同入射角度与极化条件下,单元工作在 10GHz 处的反射相位随贴片尺寸 D 的变化曲线。从图中可以看出,TE 波与 TM 波在不同入射角度下的反射相位变化趋势基本一致,并且在较大入射角度条件下,单元的反射相移差别不超过 30°,同时在单元尺寸变化范围内,反射相移达到了 320°,这基本满足了设计的需求。图 6.20 给出了不同频点处,单元的反射相位随贴片尺寸 D 的变化曲线。从图中可以看出,单层方形贴片单元在 9GHz、10GHz 和 11GHz 3 个频点处的相移曲线平行性较好,这也表明该单元具有较好的带宽特性。

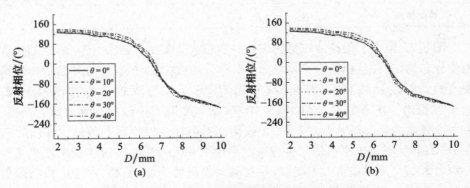

图 6.19　不同入射角度下方形贴片单元反射相移曲线

（a）TE 波 xOz 面；（b）TM 波 yOz 面。

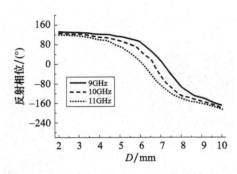

图 6.20　不同频率条件下方形贴片单元反射相移曲线

6.4.2　阵列整体设计与仿真验证

为了验证双反射阵天线的高增益辐射性能,我们采用以上所设计的反射阵单元,制作了一款 121 个单元的反射阵面作为其副阵面,由于圆口径效率略高于方口径阵列效率,设计中采用直径 130mm 的圆口径阵列排布,并采用 6.3 节中 X 波段喇叭天线作为其馈源天线,同时设计了 774 个单元的反射阵面作为其主阵面,阵列同样采用了圆口径设计,直径为 310mm,主副阵面倾角及馈源天线相对坐标关系如表 6.1 所列。

表 6.1　双反射阵几何参数

	馈源	副阵面	主阵面
中心点坐标	(−210,101,0)	(−63.5,101,0)	(−207.2,361.3,0)
欧拉角	(90°,90°,90°)	(72.9°,−90°,−90°)	(63°,90°,90°)
阵面倾角	0°	17.1°	27°

图 6.21 给出了所设计双反射阵列口面相位分布图。如图所示,阵列的口面相位分布均匀,并且相位沿 y 轴方向呈对称分布,这是由馈源与阵列相对位置所决定的。所设计的双反射阵天线采用 HFSS 全波仿真软件进行模拟仿真。图 6.22 给出了在 9.3GHz、10GHz 和 10.7GHz 3 个频点天线的仿真增益方向图,在 3 个频点的最大辐射方向上,交叉极化电平值比主极化电平值低 30dB 以上。在 10GHz 处,副瓣电平值低于主波束电平值 17dB,E 面和 H 面半功率波束宽度分别为 8°、7°,波束集束效果良好,并且最大增益值为 27.1dBi,对应的口径辐射效率为 49%。同时,该阵列实现了在 14% 的频带内,增益的波动小于 1.9dB,具有一定的宽带性能。而如何提升双反射阵天线的带宽是今后研究的一个重要方向。

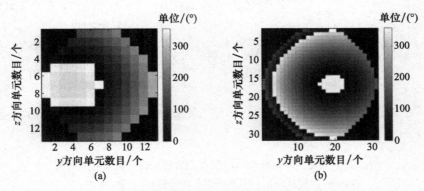

图 6.21　不同频率条件下双反射阵列口面相位分布图
(a)副阵面口面相位分布；(b)主阵面口面相位分布。

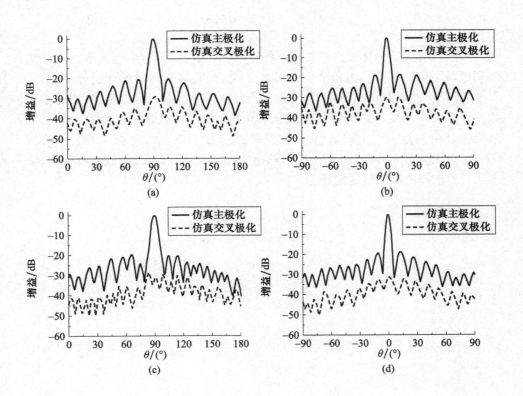

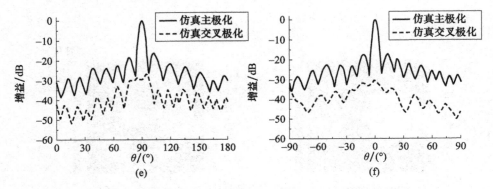

图 6.22 双反射阵天线在不同频点处的仿真归一化辐射方向图
(a) E(xOz) 面 9.3GHz；(b) H(xOy) 面 9.3GHz；(c) E(xOz) 面 10GHz；
(d) H(xOy) 面 10GHz；(e) E(xOz) 面 10.7GHz；(f) H(xOy) 面 10.7GHz。

6.5　本章小结

本章针对双反射阵天线的实现进行了研究。首先,根据典型的卡塞格伦天线理论并结合平面反射阵相移调控机理,对双反射阵天线的设计进行了规范。其次,针对提升系统信道容量,将反射阵与传输阵天线有机结合起来,设计了双频反射传输式天线。实验结果表明,该双频反射传输式天线能够在 X 和 K 两个频段内分别实现反射与传输两种工作模式,并且交叉极化影响较小。最后,设计了一种采用方形贴片结构作为主、副阵面单元的双反射阵天线,经仿真验证,该单元具有较好的定向辐射性能。

参考文献

[1] Youtz A, Koeger D, Reichgott S, Zygmaniak J. An EIA/CEA – 909 compatible smart antenna system for digital terrestrial broadcasting applications[J]. IEEE Transactions on Antennas and Propagation, 2005, 51(4):423 – 430.

[2] Kim Y R, Woo J M. Electrically tunable small microstrip antenna using interdigital plate loading for telemetry sensor applications[J]. Electronics Letters, 1962, 48(8):422 – 423.

[3] Won S H, Hanzo L. Initial acquisition performance of the multiple receive antenna assisted DS – UWB downlink using search space reduction and iterative code phase estimation [J]. IEEE Transactions on Wireless Communications, 2009, 8(1):386 – 395.

[4] Chen C C, Rao K R, Lee R. A new ultrawide – bandwidth dielectric – rod antenna for ground – penetrating radar applications[J]. IEEE Transactions on Antennas and Propagation, 2003, 51 (3):371 – 377.

[5] Claydon B, James G L. Asymptotic methods for the prediction of dual – reflector – antenna efficiency[J]. Proceedings of the Institution of Electrical Engineers, 1975, 122(12):1359 – 1362.

[6] Milloux R J. Phased array theory and technology[J]. Proceedings of the IEEE, 1982, 70(3): 246 – 291.

[7] Dewey R J. Design considerations for millimetre wave lens antennas[J]. Radio and Electronic Engineers, 1982, 52(11):551 – 558.

[8] Mailloux R, Mcllvenna J, N Kernweis. Microstrip array technology[J]. IEEE Transactions on Antennas and Propagation, 1981, 29(1):25 – 37.

[9] Chen R K, Moon J W. Microstrip antenna technology[J]. IEEE Transactions on Antennas and Propagation, 1981, 29(1):2 – 24.

[10] Entschladen H, Nagel U. Microstrip patch array antenna[J]. Electronics Letters, 1984, 20 (22):931 – 933.

[11] Pozar D M, Targonski S D, Syrigos H D. Design of millimeter wave microstrip reflectarrays [J]. IEEE Transactions on Antennas and Propagation, 1997, 45(2):287 – 296.

[12] Lam K W, Kwok S W, Hwang Y et al. Implementation of transmitarray antenna concept by using aperture – coupled microstrip patches[C]//Asia Pacific Microwave Conference, 1997, 1: 433 – 436.

[13] Berry D G, Malech R G, Kennedy W A. The reflectarray antenna[J]. IEEE Transactions on Antennas and Propagation, 1963, 11(6):645 – 651.

[14] Malagisi C S. Microstrip disc element reflectarray[C]//Proceedings of the EASCON'78, Electronics and Aerospace Systems Convention, 1978:433 – 436.

[15] Montgomery J P. A microstrip reflectarray antenna element[C]//Antenna applications Symposium, University of Illinois,1978:114 – 116.

[16] Huang J. Microstrip reflectarray[C]//IEEE Antenna and Propagation Society Symposium, 1991:612 – 615.

[17] Pozar D M,Metzler T A. Analysis of a reflectarray antenna using microstrip patches of variable size[J]. Electronics Letters,1993,29(8):657 – 658.

[18] Chang D C,Huang M C. Microstrip reflectarray antenna with offset feed[J]. Electronics Letters,1992,28(16):1489 – 1491.

[19] Javor R D,Wu X D,Chang K. Dual polarization of microstrip reflectarray antenna [J]. Electronics Letters,1994,30(13):1018 – 1019.

[20] Javor R D,Wu X D,Chang K. Offset – fed microstrip reflectarray antenna[J]. Electronics Letters,1994,30(17):1363 – 1365.

[21] Javor R D,Wu X D,Chang K. Design and performance of a microstrip reflectarray antenna [J]. IEEE Transactions on Antennas and Propagation,1995,9(43):932 – 939.

[22] Chang D C,Huang M C. Multiple – polarization microstrip reflectarray antenna with high efficiency and low cross – polarization[J]. IEEE Transactions on Antennas and Propagation, 1995,8(43):829 – 834.

[23] Encinar J A. Design of a dual frequency reflectarray using microstrip stacked patches of variable size[J]. Electronics Letters,1996,32(12):1049 – 1050.

[24] Encinar J A. Design of two – layer printed reflectarrays using patches of variable size [J]. IEEE Transactions on Antennas and Propagation,2001,49(10):1403 – 1410.

[25] Encinar J A,Zornoza A. Broadband design of three – layer printed reflectarrays[J]. IEEE Transactions on Antennas and Propagation,2003,51(7):1662 – 1664.

[26] Carrasco,Barba M,Encinar J A. Reflectarray element based on aperture – coupled patches with slots and lines of variable length[J]. IEEE Transactions on Antennas and Propagation, 2007,55(3):820 – 825.

[27] Chang T N,Wei Y C. Proximity coupled microstrip reflectarray[J]. IEEE Transactions on Antennas and Propagation,2004,52(2):631 – 635.

[28] Chang T N,Su C H. Microstrip reflectarray with QUAD—EMC element[J]. IEEE Transactions on Antennas and Propagation,2005,53(6):1993 – 1997.

[29] Chaharmir M R,Shaker J,Cuhaci,Ittipiboon A. A broadband reflectarray antenna with double circular ring elements [J]. Microwave and Optical Technology Letters, 2006, 48 (7): 1317 – 1320.

[30] Chaharmir M R,Shaker J,Cuhaci,Ittipiboon A. Broadband reflectarray antenna with double cross loops[J]. Electronics Letters,2006,42(2):65 – 66.

[31] Sayidmarie K H,Bialkowski M E. Broadband microstrip reflectarray formed by double circular ring elements [C]//Proceedings of 17th International Conference on MIKON, Radar and Wireless Communications,2008:322 – 324.

[32] Li Q Y,Jiao Y C,Zhao G. A novel microstrip rectangular – patch/ring – combination reflectarray element and its application[J]. IEEE Antennas and Wireless Propagation Letters,2009：1119 – 1122.

[33] Chaharmir M R,Shaker J. Broadband reflectarray with combination of cross and rectangle loop elements[J]. Electronics Letters,2008,44(11):658 – 659.

[34] Vosoogh A,Keyghobad K,Khaleghi A,et al. A high – efficiency ku – band reflectarray antenna using single – layer multiresonance elements[J]. IEEE Antennas and Wireless Propagation Letters,2014:891 – 894.

[35] Bialkowskr M E,Sayidmarie K H. Fractal unit cells of increased phasing range and low slopes for single – layer microstrip reflectarrays[J]. IET Microwave Antennas and Propagation,2011,5(11):1371 – 1379.

[36] Oloumi D,Ebadi S,Kordzadeh A,et al. Miniaturized reflectarray unit Cell using fractal – shaped patch – slot configuration[J]. IEEE Antennas and Wireless Propagation Letters,2012:10 – 13.

[37] Costanzo S,Venneri F. Miniaturized fractal reflectarray element using fixed – size patch [J]. IEEE Antennas and Wireless Propagation Letters,2014:1437 – 1440.

[38] Costanzo S,Venneri F,Massa G D. Bandwidth enhancement of aperture – coupled reflectarray [J]. Electronics Letters,2006,42(23):1320 – 1321.

[39] Zhao G,Jiao Y C,Zhang F,Zhang F S. A subwavelength element for broadband circularly polarized reflectarrays[J]. IEEE Antennas and Wireless Propagation Letters,2010:330 – 333.

[40] Pozar D M. Wideband reflectarrays using artificial impedance surfaces[J]. Electronics Letters,2007,43(3):148 – 149.

[41] Carrasco E,Encinar J A,Barba M. Bandwidth improvement in large reflectarray by using true – time delay [J]. IEEE Transactions on Antennas and Propagation, 2008, 56 (8):2496 – 2503.

[42] Abadi S M A M H,Ghaemi K,Behdad N. Ultra – wideband,true – time – delay reflectarray antennas using ground – plane – backed,miniaturized – element frequency selective surfaces [J]. IEEE Transactions on Antennas and Propagation,2015,63(2):534 – 542.

[43] Mao Y L,Xu S H,Yang F,et al. A novel phase synthesis approach for wideband reflectarray design[J]. IEEE Transactions on Antennas and Propagation,2015,63(9):4189 – 4193.

[44] Han C,Rodenbeck C,Huang J,et al. A C/Ka dual frequency dual layer circularly polarized reflectarray antenna with microstrip ring elements[J]. IEEE Transactions on Antennas and Propagation,2004,52(11):2871 – 2876.

[45] Han C,Huang J,Chang K. A high efficiency offset – fed X/Ka – dual – band reflectarray using thin membranes [J]. IEEE Transactions on Antennas and Propagation, 2005, 53 (9):2792 – 2798.

[46] Hsu S H,Han C,Huang J,et al. An offset linear – array – fed Ku/Ka dual – band reflectarray for planet cloud/precipitation radar[J]. IEEE Transactions on Antennas and Propagation,

2007,55(11):3114 - 3122.

[47] Chaharmir M R,Shaker J,Legay H. Dual - band Ka/X reflectarray with broadband loop elements[J]. IET Microwave Antennas and Propagation,2010,4(2):225 - 231.

[48] Chaharmir M R,Shaker J,Cuhaci M. Development of dual - band circularly polarised reflectarray[J]. IET Microwave Antennas and Propagation,2006,153(1):49 - 54.

[49] Smith T,Gothelf U,Kim O S,et al. An FSS - backed 20/30GHz circularly polarized reflectarray for a shared aperture L - and Ka - band satellite communication antenna[J]. IEEE Transactions on Antennas and Propagation,2014,62(2):3114 - 3122.

[50] Qu S W,Chen Q Y,Xia M Y,et al. Single - layer dual - band reflectarray with single linear polarization[J]. IEEE Transactions on Antennas and Propagation,2014,62(1):199 - 205.

[51] Chen Y,Chen L,Wang H,et al. Dual - band crossed - dipole reflectarray with dual - band frequency selective surface [J]. IEEE Antennas and Wireless Propagation Letters, 2013: 1157 - 1160.

[52] Smith T, Gothelf U, Kim O S, et al. Design, manufacturing, and testing of a 20/30 - GHz dual - band circularly polarized reflectarray antenna[J]. IEEE Antennas and Wireless Propagation Letters,2013:1480 - 1483.

[53] Chaharmir M R,Shaker J,Gagnon N,et al. Design of broadband,single layer dual - band large reflectarray using multi open loop elements[J]. IEEE Transactions on Antennas and Propagation,2010,58(9):2875 - 2883.

[54] Malfajani R S,Atlasbaf Z. Design and implementation of a dual - band single layer reflectarray in X and K bands[J]. IEEE Transactions on Antennas and Propagation,2014,62(8):4425 - 4431.

[55] Hasani H,Tamagnone M,Capdevila S,et al. Tri - Band,polarization - independent reflectarray at terahertz frequencies:design,fabrication,and measurement[J]. IEEE Transactions on Terahertz Science and Technology,2016,6(2):268 - 277.

[56] Yang F,Kim Y,Huang J,et al. A single - layer tri - band reflectarray antenna design[C]// IEEE Antennas and Propagation Society International Symposium,2007:5307 - 5310.

[57] Shaker J,Cuhac M. Multi - band,multi - polarisation reflector - reflectarray antenna with simplified feed system and mutually independent radiation patterns[J]. IEE Proceedings Microwaves,Antennas and Propagation,2005,152(2):97 - 101.

[58] Hasani H,Peixeiro C,Skrivervik A K,et al. Single - layer quad - band printed reflectarray antenna with dual linear polarization[J]. IEEE Transactions on Antennas and Propagation, 2015,63(12):5522 - 5528.

[59] Pozar D,Targonski S,Pokuls R. A shaped - beam microstrip patch reflectarray[J]. IEEE Transactions on Antennas and Propagation,1999,47(7):1167 - 1173.

[60] Encinar J A,Zornoza J A. Three - layer printed reflectarrays for contoured beam space applications[J]. IEEE Transactions on Antennas and Propagation,2004,52(5):1138 - 1148.

[61] Encinar J A,Datashvili L S,Zornoza J A,et al. Dual - polarization dual - coverage reflectarray

for space applications[J]. IEEE Transactions on Antennas and Propagation,2006,54(10):
2827 – 2837.

[62] Zornoza J A, Leberer R, Encinar J A, et al. Folded multilayer microstrip reflectarray with
shaped pattern [J]. IEEE Transactions on Antennas and Propagation, 2006, 54 (2):
510 – 518.

[63] Zhao G,Jiao Y C,Zhang F S. Broadband design of a shaped beam reflectarray with China cov-
erage pattern [C]//Proceedings of the 9th International Symposium on Antenna, 2010:
255 – 258.

[64] Robustillo P,Zapata J,Encinar J A,et al. ANN characterization of multi – layer reflectarray el-
ements for contoured – beam space antennas in the Ku – band[J]. IEEE Transactions on An-
tennas and Propagation,2012,60(7):3205 – 3214.

[65] Karimipour M,Pirhadi A,Ebrahimi N. Accurate method for synthesis of shaped – beam non –
uniform reflectarray antenna[J]. IET Microwaves Antennas and Propagation,2013,7(15):
1247 – 1253.

[66] Carrasco E,Barba M,Encina J A,et al. Design,manufacture and test of a low – cost shaped –
beam reflectarray using a single layer of varying – sized printed dipoles[J]. IEEE Transac-
tions on Antennas and Propagation,2013,61(6):3077 – 3085.

[67] Yu J F,Wang J H,Chen L,et al. Design of circularly polarised beam – shaped RAs using a
single layer of concentric dual split loops[J]. IET Microwaves Antennas and Propagation,
2016,10(14):1515 – 1521.

[68] Prado D R, Arrebola M, Pino M R, et al. Efficient crosspolar optimization of shaped – beam
dual – polarized reflectarrays using full – wave analysis for the antenna element characteriza-
tion [J]. IEEE Transactions on Antennas and Propagation,2017,65(2):623 – 635.

[69] Lanteri J, Migliaccio C, Laurinaho J A, et al. Four – beam reflectarray antenna for mm –
waves:design and tests in far – field and near – field ranges[C]// Proceeding of 3rd EuCAP,
2009:2532 – 2535.

[70] Nayeri P,Yang F,Elsherbeni A Z. Single – feed multi – beam reflectarray antennas[C]//
IEEE Antennas and Propagation Society inernational Symposium,2010:1 – 4.

[71] Arrebola M, Encinar J A, Barba M. Multifed printed reflectarray with three simultaneous
shaped beams for LMDS central station antenna[J]. IEEE Transactions on Antennas and
Propagation,2008,56(6):1518 – 1527.

[72] Nayeri P,Yang F,Elsherbeni A Z. Design and experiment of a single – feed quad – beam re-
flectarray antenna[J]. IEEE Transactions on Antennas and Propagation,2012,60(2):1166 –
1171.

[73] Hum S V,Carrier J P. Reconfigurable reflectarrays and array lenses for dynamic antenna beam
control:A Review [J]. IEEE Transactions on Antennas and Propagation, 2014, 62 (1):
183 – 198.

[74] Carrier J P,Skriverviky A K. Monolithic MEMS based reflectarray cell digitally reconfigurable

over a 360 phase range [J]. IEEE Antennas and Wireless Propagation Letters, 2008: 138 – 141.

[75] Legay H, Cailloce Y, Vendier O, et al. Satellite antennas based on MEMS tunable reflectarrays [C]//Proceeding of the 2nd EuCAP, 2007: 1 – 6.

[76] Rajagopalan H, Samii Y R, Imbriale W A. RF MEMS actuated reconfigurable reflectarray patch – slot element[J]. IEEE Transactions on Antennas and Propagation, 2008, 56(12): 3689 – 3699.

[77] Aubert H, Raveu N, Perret E, et al. Multi – scale approach for the electromagnetic modelling of MEMS – controlled reflectarrays[C]//Proceeding of 1st EuCAP, 2006: 1 – 8.

[78] Carrier J P, Bongard F, Niciforovic R G, et al. Contributions to the modeling and design of reconfigurable reflecting cells embedding discrete control elements[J]. IEEE Transaction on Microwave Theory and Technique, 2010, 58(6): 1621 – 1628.

[79] Hum S V, Okoniewski M. An Electronically Tunable Reflectarray Using Varactor Diode – Tuned Elements [C]//IEEE Antennas and Propagation Society International Symposium, 2004: 1827 – 1830.

[80] Riel M, Laurin J J. Design of an electronically beam scanning reflectarray using aperture – coupled elements[J]. IEEE Transactions on Antennas and Propagation, 2007, 55(5): 1260 – 1266.

[81] Boccia L, Amendola G, Massa G Di. Performance improvement for a varactor – loaded reflectarray element [J]. IEEE Transactions on Antennas and Propagation, 2010, 58(2): 585 – 589.

[82] Boccia L, Venneri F, Amendola G, et al. Application of varactor diodes for reflectarray phase control[C]//IEEE Antennas and Propagation Society International Symposium, 2002. 6 – 11.

[83] Venneri F, Costanzo S, Massa G D. Reconfigurable aperture – coupled reflectarray element tuned by single varactor diode[J]. Electronics Letters, 2012, 48(2): 68 – 69.

[84] Palomino G P, Encinar J A, Barba M, et al. Design and evaluation of multi – resonant unit cells based on liquid crystals for reconfigurable reflectarrays[J]. IET Microwaves Antennas and Propagation, 2012, 6(3): 348 – 354.

[85] Moessinger A, Marin R, Mueller S, et al. Electronically reconfigurable reflectarrays with nematic liquid crystals[J]. Electronics Letters, 2006, 42(16): 899 – 900.

[86] Hu W, Cahill R, Encinar J, et al. Design and measurement of reconfigurable millimeter wave reflectarray cells with nematic liquid crystal[J]. IEEE Transactions on Antennas and Propagation, 2008, 56(10): 3112 – 3117.

[87] Palomino G P, Baine P, Dickie R, et al. Design and experimental validation of liquid crystal – based reconfigurable reflectarray elements with improved bandwidth in F – band[J]. IEEE Transactions on Antennas and Propagation, 2013, 61(4): 1704 – 1713.

[88] Romanofsky R R, Bernhard J T, Keuls F W V, et al. K – band phased array antennas based on $Ba_{0.60}Sr_{0.40}TiO_3$ thin – film phase shifters[J]. IEEE Transactions on Microwave Theory Tech-

niques,2000,48(12):2504 – 2510.

[89] DeFlaviis F,Alexopoulos N G,Stafsudd O M. Planar microwave integrated phase – shifter design with high purity ferroelectric material[J]. IEEE Transactions on Microwave Theory Techniques,1997,45(4):963 – 969.

[90] Carrasco E,Barba M,Encinar J A. X – band reflectarray antenna with switching – beam using pin diodes and gathered elements[J]. IEEE Transactions on Antennas and Propagation,2012, 60(12):5700 – 5708.

[91] Kamoda H,Iwasaki T,Tsumochi J,et al. 60 – GHz electronically reconfigurable large reflectarray using single – bit phase shifters[J]. IEEE Transactions on Antennas and Propagation, 2011,59(7):2524 – 2531.

[92] Phelan H R. Spiraphase reflectarray for multitarget radar[J]. Microwave Journal,1977,20 (7):67 – 73.

[93] Huang J,Pogorzelski R J. A Ka – band microstrip reflectarray with elements having variable rotation angles [J]. IEEE Transactions on Antennas and Propagation, 1998, 46 (5): 650 – 656.

[94] Phillion R H,Okoniewski M. Lenses for circular polarization using planar arrays of rotated passive elements [J]. IEEE Transactions on Antennas and Propagation, 2011, 59 (4): 1217 – 1227.

[95] Guclu C,Carrier J P,Civi O. Proof of concept of a dual – band circularly – polarized RF MEMS beam – switching reflectarray[J]. IEEE Transactions on Antennas and Propagation, 2012,60(11):5451 – 5455.

[96] Phillion R H,Okoniewski M. Improving the phase resolution of a micromotor – actuated phased reflectarray[C]//Microsystems and Nanoelectronics Research Conference,2008:169 – 172.

[97] Legay H,Pinte B,Charrier M,et al. A steerable reflectarray antenna with MEMS controls [C]//IEEE International Symposium on Phased Array Systems and Technology,2003:494 – 499.

[98] Fusco V F. Mechanical beam scanning reflectarray[J]. IEEE Transactions on Antennas and Propagation,2005,53(11):3842 – 3844.

[99] Milne R. Dipole array lens antenna[J]. IEEE Transactions on Antennas and Propagation, 1982,30(4):704 – 712.

[100] McGrath D T. Planar three – dimensional constrained lenses[J]. IEEE Transactions on Antennas and Propagation,1986,34(1):46 – 50.

[101] Lam K W,Kwok S W,Hwang Y M,et al. Implementation of transmitarray antenna concept by using aperture – coupled microstrip patches[C]//Proceedings of 1997 Asia – Pacific Microwave Conference,1997:433 – 436.

[102] Bialkowski M E,Song H J,Luk K M,et al. Theory of an active transmit/reflect Array of patch antennas operating as a spatial power combiner[C]//IEEE Antennas and Propagation Society International Symposium,2001:764 – 767.

[103] Tsai F C E, Biakowski M E. An X – band spatial power combiner using a planar array of stacked patches for bandwidth enhancement[C]//IEEE MTT – S International Microwave Symposium Digest,2004:95 – 98.

[104] Torre P P, Castañer M S, Pérez M S. Design of a double array lens[C]//First European Conference on Antennas and Propagation,2006:1 – 5.

[105] Zhang W X, Fu D L, Wang A N. A compound printed air – fed array antenna[C]//International Conference on Electromagnetics in Advanced Applications,2007:1054 – 1057.

[106] Torre P P, Castañer M S. Transmitarray for Ku band[C]//The Second European Conference on Antennas and Propagation,2007:1 – 5.

[107] Padilla P, Acevedo A M, Castañer M S. Passive microstrip transmitarray lens for Ku band [C]//Proceedings of the Fourth European Conference on Antennas and Propagation,2010: 1 – 3.

[108] Zhang Y, Abd E M, Hong W, et al. Research progress on millimeter wave transmitarray in SKLMMW[C]//International High Speed Intelligent Communication Forum,2012:1 – 2.

[109] Ryan C G M, Chaharmir M R, Shaker J, et al. A wideband transmitarray using dual – resonant double square rings[J]. IEEE Transactions on Antennas and Propagation, 2010, 58(5): 1486 – 1493.

[110] Abdelrahman A H, Elsherbeni A Z, Yang F. High gain and broadband transmitarray antenna using triple – layer spiral dipole elements[J]. IEEE Antennas and Wireless Propagation Letters,2014:1288 – 1291.

[111] Rahmati B, Hassani H R. High – efficient wideband slot transmitarray antenna[J]. IEEE Transactions on Antennas and Propagation,2015,63(11):5149 – 5155.

[112] Abdelrahman A H, Elsherbeni A Z, Yang F. Transmission phase limit of multilayer frequency – selective surfaces for transmitarray designs[J]. IEEE Transactions on Antennas and Propagation,2014,62(2):690 – 697.

[113] Abdelrahman A H, Nayeri P, Elsherbeni A Z, et al. Bandwidth improvement methods of transmitarray antennas[J]. IEEE Transactions on Antennas and Propagation, 2015, 63(7): 2946 – 2954.

[114] Liu G, Wang H J, Jiang J S, et al. A high – efficiency transmitarray antenna using double split ring slot elements[J]. IEEE Antennas and Wireless Propagation Letters,2015:1415 – 1418.

[115] Nematollahi H, Laurin J J, Page J E, et al. Design of broadband transmitarray unit cells with comparative study of different numbers of layers[J]. IEEE Transactions on Antennas and Propagation,2015,63(4):1473 – 1481.

[116] Jazi M N, Chaharmir M R, Shaker J, et al. Broadband transmitarray antenna design using polarization – insensitive frequency selective surfaces[J]. IEEE Transactions on Antennas and Propagation,2016,64(1):99 – 108.

[117] Kaouach H, Dussopt L, Lantéri J, et al. Wideband low – loss linear and circular polarization transmit – arrays in V – band[J]. IEEE Transactions on Antennas and Propagation,2011,59

(7):2513 - 2523.

[118] Jonathan Y L, Sean V H. A low - cost reconfigurable transmitarray element[C]//IEEE Antennas and Propagation Society International Symposium,2009:1 -4.

[119] Padilla P, Acevedo A M, Castaner M S, et al. Electronically reconfigurable transmitarray at ku band for microwave applications[J]. IEEE Transactions on Antennas and Propagation,2010, 58(8):2571 - 2579.

[120] Jonathan Y L, Sean V H. Analysis and characterization of a multipole reconfigurable transmitarray element[J]. IEEE Transactions on Antennas and Propagation,2011,59(1):70 - 79.

[121] Jonathan Y L, Sean V H. Reconfigurable transmitarray design approaches for beamforming applications [J]. IEEE Transactions on Antennas and Propagation, 2012, 60 (12): 5679 - 5689.

[122] Clemente A, Dussopt L, Reig B, et al. Reconfigurable unit - cells for beam - scanning transmitarrays in X band[C]//European Conference on Antennas and Propagation,2013:1783 - 1787.

[123] Clemente A, Dussopt L, Reig B, et al. Wideband 400 - element electronically reconfigurable transmitarray in X band[J]. IEEE Transactions on Antennas and Propagation, 2013, 61 (10):5017 - 5027.

[124] Palma L D, Clemente A, Dussopt L, et al. 1 - Bit reconfigurable unit cell for ka - band transmitarrays[J]. IEEE Antennas and Wireless Propagation Letters,2016:560 - 563.

[125] Nicholls J G, Hum S V. Full - space electronic beam - steering transmitarray with integrated leaky - wave feed [J]. IEEE Transactions on Antennas and Propagation, 2016, 64 (8): 3410 - 3422.

[126] Abdelrahman A H, Nayeri P, Elsherbeni A Z, et al. Single - feed quad - beam transmitarray antenna design [J]. IEEE Transactions on Antennas and Propagation, 2016, 64 (3): 953 - 959.

[127] Pan W B, Huang C, Ma X L, et al. A dual linearly polarized transmitarray element with 1 - Bit phase resolution in X - band[J]. IEEE Antennas and Wireless Propagation Letters, 2015:167 - 169.

[128] Huang C, Pan W B, Ma X L, et al. Using reconfigurable transmitarray to achieve beam - steering and polarization manipulation applications[J]. IEEE Transactions on Antennas and Propagation,2015,63(11):4801 - 4810.

[129] Huang C, Pan W B, Ma X L, et al. 1 - Bit reconfigurable circularly polarized transmitarray in x - band[J]. IEEE Antennas and Wireless Propagation Letters,2016:448 - 451.

[130] Huang C, Pan W B, Luo X G. Low - loss circularly polarized transmitarray for beam steering application [J]. IEEE Transactions on Antennas and Propagation, 2016, 64 (10): 4471 - 4476.

[131] Palma L D, Clemente A, Dussopt L, et al. Circularly - polarized reconfigurable transmitarray in ka - band with beam scanning and polarization switching capabilities[J]. IEEE Transac-

tions on Antennas and Propagation,2017,65(2):529 – 540.

[132] Lin X Q,Cui T J,Qin Y. Controlling electromagnetic waves using tunable gradient dielectric metamaterial lens[J]. Applied Physics Letters,2008,92,131904.

[133] Ma H F,Chen X,Xu H S,et al. Experiments on high – performance beam – scanning antennas made of gradient – index metamaterials[J]. Applied Physics Letters,2009,95,094107.

[134] Ma H F,Chen X,et al. Design of multibeam scanning antennas with high gains and low sidelobes using gradient – index metamaterials [J]. Journal of Applied Physics, 2010, 107,014902.

[135] Zhang Y,Mittra R,Hong W. On the synthesis of a flat lens using a wideband low – reflection gradient – index metamaterial[J]. Journal of Electromagnetic Waves and Application,2011, 25(12):2178 – 2187.

[136] Cai T,Wang G M,Zhang X F,et al. Ultra – thin polarization beam splitter using 2 – D transmissive phase gradient metasurface[J]. IEEE Transactions on Antennas and Propagation, 2015,63(12):5629 – 5636.

[137] Rahmati B,Hassani H R. Low – profile slot transmitarray antenna[J]. IEEE Transactions on Antennas and Propagation,2015,63(1):174 – 181.

[138] Erdil E,Topalli K,Esmaeilzad N S,et al. Reconfigurable nested ring – split ring transmitarray unit cell employing the element rotation method by microfluidics[J]. IEEE Transactions on Antennas and Propagation,2015,63(3):1163 – 1167.

[139] Yu J F,Chen L,Shi X W. A multilayer dipole – type element for circularly polarized transmitarray applications[J]. IEEE Antennas and Wireless Propagation Letters,2016:1877 – 1880.

[140] Palma L D,Clemente A,Dussopt L,et al. Circularly polarized transmitarray with sequential rotation in Ka – band[J]. IEEE Transactions on Antennas and Propagation,2015,63(11): 5118 – 5124.

[141] Rengarajan S R. Reciprocity considerations in microstrip reflectarrays[J]. IEEE Antennas and Wireless Propagation Letters,2009:1206 – 1209.

[142] Huang J,Encinar J A. Reflectarray antennas[M]. United States of America:Wiley – IEEE Press,2008.

[143] Han C M,Chang K. Ka – band reflectarray using ring elements[J]. Electronics Letters, 2003,39(6):491 – 493.

[144] Martynyuk A E,Montero J S,Lopez J I M,et al. Spiraphase – type reflectarray based on loaded ring slot resonators[J]. IEEE Transactions on Antennas and Propagation,2004,52(1): 142 – 153.

[145] Subbarao B,Srinivasan V,Fusco V F. Element suitability for circularly polarized phase agile reflectarray applications [J]. IEE Proceeding on Microwaves Antennas and Propagation, 2004,151(4):287 – 292.

[146] Amiyay N,Galindo V,Wu C P. Theory and Analysis of Phased Array Antennas[M]. New York:Wiley,1972.

[147] Railton C J,Shorthouse D B,Mcgeehan J P. Modelling of narrow microstrip lines using finite difference time domain method[J]. Electronics Letters,1992,28(12):1168 – 1170.

[148] Navarro E A,Gimeno B,Cruz J L. Modelling of periodic structures using the finite difference time domain method combined with the floquet theorem[J]. Electronics Letters,1993,29(5):446 – 447.

[149] Harms P,Mittra R,Ko W. Implementation of the periodic boundary condition in the finite – difference time – domain algorithm for FSS structures[J]. IEEE Transactions on Antennas and Propagation,1994,42(9):1317 – 1324.

[150] Lee S W. Scattering by dielectric – loaded screen[J]. IEEE Transactions on Antennas and Propagation,1971,19(5):656 – 665.

[151] Ko W L,Mittra R. A new approach based on a combination of integral equation and asymptotic techniques for solving electromagnetic scattering problems[J]. IEEE Transactions on Antennas and Propagation,1977,25(2):766 – 772.

[152] Chen C C. Scattering by a two – dimensional periodic array of conducting plates[J]. IEEE Transactions on Antennas and Propagation,1970,18(5):660 – 665.

[153] Tsao C H,Mittra R. A spectral – iteration approach for analyzing scattering from frequency selective surfaces[J]. IEEE Transactions on Antennas and Propagation,1982,30(2):303 – 308.

[154] Silvestro J,Yuan X,Cendes Z J. Accuracy of the finite element method with second order absorbing boundary conditions for the solution of aperture radiation problems[C]//Asia Pacific Microwave Conference,1996,1:14 – 23.

[155] Bardi I,Cendes Z. New directions in HFSS for designing microwave devices[J]. Microwave J. ,1998:22 – 36.

[156] Bardi I,Remski R,Perry D,et al. Plane wave scattering from frequency – selective surfaces by the finite – element method[J]. IEEE Transactions on Antennas and Propagation,2002,38(2):641 – 644.

[157] Abadi S M A M H,Behdad N. True – Time – Delay reflectarray and transmitarrays based on miniaturized element frequency selective surfaces[C]//European Conference on Antennas and Propagation,2015:1 – 2.

[158] Abadi S M A M H,Behdad N. Broadband true – time – delay circularly polarized reflectarray with linearly polarized feed[J]. IEEE Transactions on Antennas and Propagation,2016,64(11):4891 – 4896.